厨花君园艺

最好吃的菜是自己种的菜

厨花君 主编

U0238981

 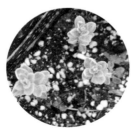 

中国农业出版社

图书在版编目（CIP）数据

最好吃的菜是自己种的菜 / 厨花君主编 . -- 北京：
中国农业出版社 , 2017.7
（厨花君园艺）
ISBN 978-7-109-22826-9

Ⅰ . ①最… Ⅱ . ①厨… Ⅲ . ①蔬菜园艺 Ⅳ . ① S63

中国版本图书馆 CIP 数据核字 (2017) 第 055384 号

中国农业出版社出版

（北京市朝阳区麦子店街 18 号楼）
（邮政编码 100125）

策划编辑 李梅

责任编辑 程燕

北京中科印刷有限公司印刷 新华书店北京发行所发行
2017 年 7 月第 1 版 2017 年 7 月北京第 1 次印刷

开本：710mm×1000mm 1/16 印张：10
字数：250 千字
定价：45.00 元

（凡本版图书出现印刷、装订错误，请向出版社发行部调换）

Contents **目录**

开篇

Grow our own vegetables

为什么要自己种菜？

多彩的小萝卜凑成了一盘，
新鲜的味道更是无可挑剔，
肠胃和心情同时获得了最大
的满足。

Healthy
健康

如花朵般绽放的塌棵菜，煮成朴实的一碗，熟悉的味道唤醒了曾经的记忆。

Rich

丰富

在新鲜杨梅收获的季节，从窗台上茂盛的薄荷上采几片叶，调一杯创意的 Mojito（莫吉托，古巴鸡尾酒）。

Interesting

有趣

雾霾袭来的冬日，一钵绿意盎然的芽菜是心灵绿荫，给身体丰富的维生素。

Part 1

『每天10分钟』种菜术

不要把种菜想成一件多么困难和耗时的事，每天只需要花上10分钟，就能轻松愉快地照料好阳台上的蔬菜。

每天10分钟，种好你的菜

少食多餐胜过暴饮暴食，这个道理也适用于浇水施肥。植物本身具有强大的生命力，我们所做的，只是为它提供适宜的环境，并在出现问题时及时解决。

统筹得当，有条不紊

无论做什么事情，准备充分、计算得当与临时起意、全无章法相比，肯定是前者更高效。遗憾的是，很多人把种菜当成游戏，随意随性，既没有确定的目标，也没有成型的计划。

有没有尝试过把你的职场技巧(计划、实施方案)带到阳台上的小菜园里？

比如，把种黄瓜当成一个为期 3 个月的项目来实施，分解目标，确定阶段工作。育苗、移栽、搭架、除草、收获，工作表上逐条打钩。在满足地享受了一季的新鲜黄瓜之后，回头再看，其实工作量并不像你想的那样多。大部分时候，我们的忙乱都是自己造成的，在菜园里徒耗时间却没有做真正该做的事。

在问题刚出现的时候解决最省力

为什么菜盆里的草比苗还高？为什么蔬菜长势那么差？为什么虫害比别家的严重？这些都不是蔬菜的错。

关于草比苗高、虫害猖獗、挂果稀疏这些问题，很大程度上要"归功"于主人的缺位。蔬菜每时每刻都在生长，及时地关注到它们的需求并予以满足，只是举手之劳。而一旦拖延，后果的严重程度会呈几何级增长。

最简单的例子就是锄草。在野草刚萌发的时候，只需要几分钟就能够连根拔净，一旦错过这个最佳时期，野草会以惊人的生长速度，两周后占领整个菜盆，那时候，要花数倍的时间、力气来解决问题。所以，想要种出满意的蔬菜，一定要牢记每天解决小问题，而不是集中解决大问题。

在没有感觉到劳累之前已经完成了

一件事情要是做起来总是很辛苦，就会让人提不起兴趣。种菜是辛苦的事情吗？如果是大片地种植，当然是繁重的劳动，但打理一个十几平方米的阳台菜园，应该是愉快而轻松的。

工作无非就是那些：播种、移栽、浇水、锄草、除虫、整型。根据蔬菜的生长周期，有条理地照料它们，这些工作都是交叉进行的，所以并不会觉得枯燥，更何况其中乐趣多多。观察蔬菜的生长、欣赏第一朵盛开的花、兴奋地收获当天晚餐要吃的菜……往往在意犹未尽的时候，当天的劳动就已经顺利完成了。

播种期 /2~4月、8~9月

重点： 整理盆土、播种、育苗、移栽

　　早春时节，在开始一年的种植之前，首先要做的工作，是整理庭院里的菜田，或是阳台上的菜盆。这项工作比较集中，最好是抽一个周末的下午来完成。

　　播种需要先列计划，这个种植季打算种几种蔬菜，每种种几行或几盆，有一个简单的表格，会让你的工作效率提高很多。

　　播种又分为直播和育苗，前者是指将种子直接撒播在盆中，一直生长到收获为止。大部分小型绿叶蔬菜都适宜直播。后者则是指在育苗盆中播种，小苗长到一定阶段后，再移栽到大的种植容器里，主要适用于一些中大型蔬菜，比如黄瓜、西红柿等。

　　播种期工作量小，除了浇水外，也无需过多的照料，就好好地期待蔬菜发芽所带来的惊喜吧。

生长期 / 4~6月、9~11月

重点： 除虫、拔草、整形

植物从小苗长到可以收获，都属于生长期。在这个阶段遇到的情况最为复杂，所以需要耐心和细心。

在4~6月，由于天气暖和，虫害较为高发，除了做好预防措施外，更重要的是一旦发现苗头就要及时治理。良好的通风，和合理浇水，能够大大降低虫害发生率。

拔草则是另一项需要长期进行的工作。在野草刚露头的时候，连根拔起只是举手之劳。一旦拖延，野草会迅速地生长、开花、结籽，短短半个月就完成这个过程，随风飘散的草籽会在各个角落里发芽。

整型包括间苗、搭架、摘心等一系列工作。间苗是指拔去过密的苗，保证每一棵菜都获得充足的生长空间；搭架主要针对爬藤类蔬菜，为它们提供有力的支撑；摘心则是掐去徒长的枝条，确保结果。这些都是比较有技巧的工作，需要不断地学习。

收获期 / 6~11 月

重点： 采收、清理

　　一个规划合理的小菜园，蔬菜会处于不同的生长周期，以便保证源源不断的收获。大体说来，从春末到秋季，都应该有所收获。春末主要的收获是速生的绿叶蔬菜和小型根茎类；初夏，果菜开始采收；整个夏季，喜热的绿叶菜和果菜都处于旺季；秋天，主要是大型根茎类和夏末播种的速生叶菜。

　　收获一定要及时，这样才能品尝到最新鲜美味的菜。而对于持续采收的品种来说，过期不收还会导致徒耗营养，影响下一拨果实的生长成熟。

　　采收之后要进行清理，剪去残枝，整理空置的种菜盆，维持菜园的整齐美观。

整理期 ／10~12 月

重点： 储存、清理

深秋降温之后，除了在室内进行的特殊种植外，庭院和阳台菜园都进入了整理期。将不再结果的植株拔除；清理菜盆；采收和储存种子；收纳各种工具，依依不舍地告别一年的种植季。

还有些令人倍加满足的收尾工作，前提是收获够丰盛——辣椒晒干穿成串，挂在墙上；香草全部剪收晒干，储存起来随时使用；一时吃不完的胡萝卜、卷心菜可以在家自己作泡菜……能够给冬天带来多少愉快的手作时光啊！

新鮮
Fresh

Part 2

自己种的菜，最新鲜

对于新鲜这个词，每个人的理解不同。

"超市里包装好的蔬菜不是挺新鲜的嘛！"——这是比较有代表性的评价。

没有烂叶、黄叶，轻微失水，基本保留了营养，这是最常见的超市蔬菜模样，但我们称呼它们为"保鲜菜"可能更适合。这个词并非贬义，无论是城市郊区的直采供应蔬菜，还是漂洋过海而来的进口蔬果，都可以随时轻松购买。能够保证这样丰富而符合标准的供应，是一项很了不起的成就。

而新鲜，是另外一回事。

有机餐饮潮流中有一类餐厅格外受追捧，餐桌与菜地连在一起，这边下单，那边采摘食材。在这里，口味，由从田间到餐桌的距离决定。

长在树头被太阳晒到红透的西红柿；刚长足叶片的鸡毛菜；早晨才抽出的豌豆苗卷须……这些食材的滋味是难以形容的，微妙的不同难以用语言描述，但足以令人沉迷。

自己种菜，就是获得这种新鲜享受的最简便途径。

虽然城市的居住环境，让我们无法实现全方位的新鲜食材自家供应，但至少该在某个阳光灿烂的早晨，用一把亲手采收的食材，唤醒味蕾。

鹅莓，清甜芬芳

树丛中摘下的成熟鹅莓果实，不要等待，立即吃掉，感受它在唇齿间迸发的清甜吧。

🕐 **种植时间** 通常购买种苗移植，以3月初萌发最为适宜。秋季亦可进行扦插。

🔧 **土　　壤** 耐寒耐旱，喜中性、偏酸性土壤。

🔧 **病 虫 害** 通风不佳时易出现白粉病，需剪去病叶、加强通风。

☀️ **环　　境** 需强光，忌种植在背阴处。

💧 **肥　　水** 盆栽浇水宁旱勿涝，在结果期适当追肥，结合修剪、换盆补充基肥。

5 步掌握种植技巧 ◉ 喜阳、强健、产量高 ◉

种
▶小浆果中习性最强健的品种，在北方都可以轻松种植。

播
▶为了尽快收获，以购买 2 年成年苗移栽为宜。

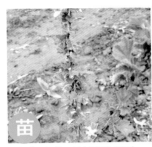
苗
▶每年 3 月开始萌发新叶。

长
▶充足的阳光有利于结果，要特别注意避免积水，秋季适当地修剪掉外围老枝。

获
▶6 月是收获期，同一枝上的鹅莓成熟也会有先后，颜色发紫的就可以采摘了。

不一样的种法

鹅莓在东北山林地区露地栽培较多，其实，比起蓝莓来，它是盆栽难度更低的小型果树。选择较大的花盆，移栽成年大苗，只需要非常简单的照料，就可以每年初夏坐享新鲜果实。

树头鹅莓最鲜甜

鹅莓属于醋栗的一类，虎耳草目茶藨子科（也称为醋栗科）醋栗属，约有 160 个品种，主要分布在北温带地区，目前商业种植的四大种类是：鹅莓、黑加仑、红加仑和白加仑。其中，鹅莓个头最大也最宜生食，维生素 C 含量高而且甜度高。

鹅莓在东北和华北有大量野生品种，被称为灯笼果（因为果实上有竖条纹类似灯笼）或者刺儿李（枝条带刺，味道略似李子），商业栽培的品种主要是从国外引进的。之所以被称为 Gooseberry，并非是鹅特别爱它的味道，而是与果树的高度有关。鹅莓属于丛生的矮灌木，鹅伸长脖子恰好能够得到它的果实，偷吃起来比较方便。

由于个头小、采摘保存费力，鹅莓在水果市场上并不常见。但是，它是令人一尝难忘的隽品，绵甜芬芳，汁水丰富，有着其他小浆果难以比拟的风味。在自家阳台或院子里种上几棵，初夏的时候感受一下这独特的自然馈赠吧。

小茴香，独特味

羽毛般的叶子在风中轻摇，摸起来温软一片，种植小茴香的温柔心情是独一无二的。

🕐 **种植时间** 3~9 月均可播种，冬季如能保持 5℃以上亦可种植。

🔨 **土　　壤** 通透的偏沙质土壤最适宜，忌板结。

🐛 **病 虫 害** 盆土积水、过密种植、高温高湿环境都易导致根腐、白粉等病虫害。

☼ **环　　境** 光线需求中等，如只收取嫩茎叶，室内窗台亦可种植。

💧 **肥　　水** 以施用有机基肥为主，耐旱怕涝，浇水时需一次浇足。

5 步掌握种植技巧 ◎ 喜阳、强健、产量高 ◎

种

▶4月到10月都是种植良机，冬季光照不足，味道欠佳。

播

▶以播种为主，种子呈长圆形，可以先浸水催种。

苗

▶发芽时间较长，要耐心等待10天左右。

长

▶阳光充足则长势旺盛，阳台种植要放在光线最好的位置。

获

▶50天时开始收获，可以连根拔出，也可以割茬收获，后者要保证水肥充足。

不一样的种法

通常种植小茴香都是长到30厘米左右就开始剪收或连根拔起，但我喜欢留两三棵让它随意生长。在阳光充足的前提下，小茴香会长到高过人头，开硕大的伞状黄花，堪称菜园一景。

自种小茴香的打开方式

　　北方人爱吃的茴香饺子，过了长江就不容易找到。小茴香这种蔬菜，实在是够独特，有别于普通蔬菜的甜嫩清爽，它的味道是难以形容的浓烈，带一点八角香和刺激感，若首次尝试，会不点不适。但如果胆量足够或者天生吃货，大概从此都会爱上它。

　　看见茴香是否马上想到饺子？这可以作为检验此人是否为北方人的代表问题之一。

　　小茴香种植起来很简单，春秋两季，庭院阳台都能种，难度属于"撒籽就出苗"的级别，一个多月后，长到半大时就可以收获。茴香易失水打蔫，所以，买来的大把茴香基本都是做馅用。但自种的茴香硬挺水灵，完全可以用新方式料理，比如，洗净后切碎与杏仁同拌，绿白相间，实在是一盘味道隽永的小菜。

鸡毛菜，家常味

小而蓬勃的绿叶，旺盛地生长着，鸡毛菜几乎就是中国式恬然质朴的家常小菜的代名词。

- 🕐 **种植时间** 室内四季都可种植，露天种植以春、秋两季为宜。
- 🔧 **土　　壤** 种植鸡毛菜的土壤需经过充分耕整、疏松。需避免连作。
- 🐛 **病 虫 害** 露天种植，春末夏初易有蚜虫危害，需要喷药治疗，或避开春末夏初种植。
- ☀ **环　　境** 光线需求低，室内亦可轻松培植，光线过强时需遮阴。
- 💧 **肥　　水** 水分需求旺盛，一旦干旱、叶枯很难恢复。种植前土中并混入腐熟基肥。

5 步掌握种植技巧 ◎ 喜水、怕晒、需保护 ◎

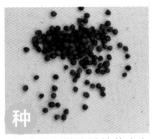

▶江南地区普遍种植的小白菜品种，现在北方也能买到，但自己种起来难度并不高。

▶以播种为主，种子很有分量感，可以先浸水催种。

▶3~5 天发芽，两片胚叶大而圆润。除了绿叶品种，还有紫叶的。

▶暴晒、风吹、突然降温都会损伤娇嫩的鸡毛菜，所以最好在有保护的环境中种植，并保持湿度。

▶鸡毛菜小巧玲珑， 10 厘米左右高矮的时候风味最佳。如果是水培，播种后 10 天即可收获。土植的生长速度略慢，但也要在两周内收获，否则影响鲜嫩的口感。

速生鸡毛菜，自种收获多

中国人的国民蔬菜是什么？白菜当之无愧，关于大、小白菜足足可以写一本书。单是小白菜，又可以分为油菜、青菜、鸡毛菜、菜心、白梗菜、塌棵菜等，再加上各地叫法不一，实在是需要一本专业手册来指导。

鸡毛菜是小白菜家族中比较独特的一员，它个头最小，生长期最短，风味也最为柔嫩，是江南地区代表性的家常菜。绿油油的清炒鸡毛菜，和"春天来了"几乎是同义词——虽然在这个农业种植科技含量越来越高的时代，鸡毛菜可以四季供应，但唯有早春三月的那一把，才是季节的味道。

种鸡毛菜难度极低，有个花盆，撒下种子，浇水，要不了几天就能发芽。这是比较随性的种法。要是讲究产量，也可以像种芽苗菜那样，密播水培，那就能保证每周餐桌上都能看到鸡毛菜的身影了。

种蔬菜

苹果薄荷，甜香清凉

毛茸茸的圆形叶片，兼有甜美的果香与典型的清凉薄荷味，是格外有趣的食用香草。

- 🕐 **种植时间**　春栽多在 3 月末至 4 初扦插，或 10 月末扦插。
- 🌱 **土　　壤**　耐旱耐贫瘠，在多种土壤中都能够健旺生长，亦可水培。
- 🐛 **病 虫 害**　芳香植物，虫害少发。低温时会出现叶片冻伤。
- ☀ **环　　境**　光线充足时植株矮壮，叶片大而厚实，反之则明显地徒长。
- 💧 **肥　　水**　无需施肥，耐旱亦喜水。夏季抽穗开花时长势减弱，可进行修剪。

5 步掌握种植技巧 ◎ 喜阳、怕热、耐旱涝 ◎

种

▶不能露地过冬，但盆栽种植可以多年生，长势旺盛。

播

▶需浇透水。苹果薄荷播种不易，主要以枝条扦插为主，走茎也很容易生根。

苗

▶水插 3~4 天即可生根，土插略慢，也可以水插后移栽。

长

▶喜欢充足的阳光，10℃左右早晚温差大时生长更旺。盛夏时会长势不佳。

获

▶随时可以收获新叶，摘顶还有利于萌发新枝，让植株更茂盛。

不一样的种法

剪几枝健壮的苹果薄荷枝养在玻璃水瓶里，既是厨房窗台上的风景，又能够在烹饪时随时摘取叶片做为调料。

认识苹果薄荷

哪怕只是在纸上看到薄荷两个字，那股清凉爽口的味道也会立刻刺激很多人分泌唾液。作为东西方普及程度最高的香草，薄荷应该是无人不识了，品种也是超级丰富。薄荷属有 15 类，培育品种过千，而且数字还在不断增加。

除了最为常见的绿薄荷，苹果薄荷也是非常有人气的品种，它是欧洲的原生香草，特征是叶片带有明显的软绒毛，因为有淡淡苹果甜香而得名。苹果薄荷薄荷脑的含量比较低，所以味道较为柔和，不像绿薄荷那么"冲"，用它冲泡花草茶或是制作甜品，更容易让人接受。

苹果薄荷是全绿叶，花市上还有一种叶片上有白色斑点的，被称为凤梨薄荷。种植经验表明，露天全日照环境下种植的苹果薄荷，在初夏时，叶片会出现白色及淡黄色的斑点，一旦日照不足就会褪去。

秋葵，滑爽夏味

一旦错过就难以追回的，除了爱情，还有秋葵的风味。

🌡 **种植时间** 喜热，可以在日均气温 20℃以上时再播种。

🔨 **土　壤** 为了保证产量，最好使用有机质含量高的腐殖土。

🌱 **病虫害** 苗期易发作棉铃虫和蚜虫，可自制大蒜水（蒜泥加清水）驱虫。

☀ **环　境** 喜高温、高湿、强光，光照不足产量会明显降低。

💧 **肥　水** 家庭种植主要依靠基肥。幼苗生长期适当控水。

5 步掌握种植技巧 ☀ 高温、大太阳、见湿见干 ☀

种

▶原产非洲的锦葵科植物，高大、多产，非常值得家庭尝试。

播

▶每年 4 月中旬穴盆中播种育苗，为了促进发芽，可以先将种子泡水 10 小时催芽。

获

▶移植后约 50 天开始收获，前几枚果实品质较差，不宜食用。别惋惜，它会奉献 4 个月源源不断的果实。

苗

▶春季温度不够时生长较慢，可等到 5 月初再移栽定植。为了保证营养，在盆底要埋入肥料作为基肥。

长

▶喜欢炎热高温的气候，在 6 月会迎来爆发式生长，在此期间的照料要点是保证盆土见干见湿。

轻食首选是秋葵

　　秋葵的收获时间非常明显地影响着口味，它在花开后 5、6 天，果长 6~8 厘米，捏起来微微有弹性时最为鲜嫩，不采摘就会在枝头迅速老化，粗硬不堪食用。剪收后则需要冷藏，果实在常温环境中会持续老化，擦伤处还会出现黑斑。即使放在冰箱中，也不要超过 48 小时。最不辜负新鲜食蔬的方式，就是在第一时间内把它吃掉。

　　为了达成"吃到最美味秋葵"的愿望，自己种是非常有必要的。作为一种舶来蔬菜，难免让人望而生畏，但它的种植难度也就相当于种西红柿，唯一的特别之处就是要使用尽量大的花盆，这样，高大的秋葵才能伸展得开。在穴盆中育苗，长出 4 片真叶后就可以移栽，在幼苗期不用其他照料。高度超过 40 厘米后，需要搭架固定，以免高瘦的它被风吹歪。提醒一下，秋葵植株遍布毛刺，打理和摘果的时候最好戴上手套。

　　从开出第一朵花，到奉献最后一拨果实，6、7、8、9 四个月，整个夏天秋葵都会与你相伴。

生菜，清甜百搭

各式各样的生菜盛开在花盆里，有着玫瑰般的美感，又有百吃不厌的味道。

🕐 种植时间	室内水培可四季进行，阳台或庭园种植 3~5 月、9~11 月最好。
🔧 土　壤	喜欢疏松透气的微酸土壤，在其他类型中也能够正常生长。
🔨 病 虫 害	家庭种植虫害较少，但在高温、干旱时易现真菌感染。
⚙ 环　境	喜凉畏热，强光下适当遮阴，但某些彩色品种需要充足光照才会显色。
🥄 肥　水	由于是生食蔬菜，只施用基肥。在生长期保证足够水分。

5 步掌握种植技巧 ☀ 速生、偏湿、喜温凉 ☀

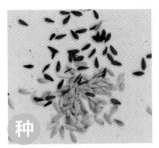

种

▶最值得推荐的自种蔬菜，种植难度低，生长周期短，品种丰富。

播

▶根据品种不同，种子呈现灰、白、黑等颜色，尖卵形，发芽率很高。

苗

▶在花盆中直播，如果有较大种植面积，可以采取育苗移栽的形式。

长

▶生长速度很快，保持适度的湿度与光照，40 天左右就能长到收获标准。

获

▶花盆中种植的大朵生菜，可以从外围依次收获叶片。如果撒播得比较密，也可以直接连根拔起。除了部分耐热品种外，建议只在春秋季节种植。

最国际化的食材之一

如果要评选一种全世界最普及的蔬菜，土豆、洋葱、西红柿都是有力竞争者，但生菜得排在它们前面，菊科莴苣属的这种蔬菜，超级地位不可撼动。

"Lettuce" 之所以被翻译成生菜，与它的食用方式有关。在欧美国家，它占据着绿叶菜的半壁江山，生食口感鲜爽甜脆，营养丰富，是沙拉菜的不二之选。而在中国的菜市场，除了圆生菜与散叶生菜这两大类外，我们常吃的莴苣和油麦菜同样是生菜家族的成员。

是的，生菜是个大家族，人工培育品种过万，大面积商业种植的品种也有几百种。根据食用部位可以分为叶用生菜和茎用生菜；根据株形可以分为散叶生菜、结球生菜、直立生菜等；根据生长特质可以分为耐热型、耐寒型；色彩多种，黄、绿、红、紫，变化丰富，就算一辈子都种生菜，也很难种全所有的品种。好在万变不离其宗，生菜的习性并没有特别大的差异，你尽可以用一套种植流程来对付所有的生菜，只需要细节上稍做调整，就可以尽情尝鲜！

散叶生菜

完全舒展散开的叶片，能够最充分地接受光照，健硕茂盛，口感清淡脆爽，生菜特具的苦味最为浓重。

罗莎生菜

　　紫色的叶片边缘细碎地卷曲着，有着电影明星才具有的"卷发美"，叶片贴地，株形较大，单独种植或拼植均可。

鼻尖橡叶生菜

　　叶片尖而长的橡叶生菜品种，颜色嫩绿，株形最为硕大丰盛，是可以种一株吃三顿的惊喜品种。

半结球生菜

外部叶片散射生长，中心部分呈半结球状，有着特别的美感，清甜脆嫩，口感上佳。

紫奶油生菜

黄、绿、紫的渐变出现在同一株生菜上，相当耐看。口感丰腴鲜嫩，中心结球部分甜度更高。

美利生菜

全绿半结球品种，中间部分有着香槟玫瑰般的形状，直立特质更强，叶片较为肥厚，口感极为脆爽。

大叶茼蒿，清香爽嫩

大而圆润的叶片，有着蒿子秆所不具有的花朵之姿，所以虽然风味类似，我还是更喜欢大叶茼蒿。

🕐 **种植时间**	室内水培四季均可，盆栽则以春秋为宜，夏季种植极易老化抽薹。
🔧 **土　　壤**	适应性强，略偏酸性土壤最佳。
🌿 **病 虫 害**	易出现虫害，以蚜虫、粉虱和潜叶蝇最为常见，种植前土壤应充分翻晒消毒，并避免密植，一旦发现虫害需使用有机农药。
☀ **环　　境**	光线充足时风味更佳，室内散射光线亦可以满足生长需求。
💧 **肥　　水**	喜湿，在整个种植期要避免盆土过于干燥。茎叶蔬菜需肥以氮肥为主，有机肥料中以发酵粪肥效果最好。

5 步掌握种植技巧 ◎ 速生、喜凉、密播 ◎

种

▶春秋两季的风味蔬菜，口感清爽幼嫩，家庭种植非常容易。

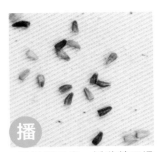

播

▶种子轻而扁，播种前用温水浸泡催芽很有效，但这样也需要 4、5 天才会发芽。

苗

▶茼蒿属于速生蔬菜，所以最好不要移栽，而是以直播为主。

长

▶播种后 20 天就可以收获幼苗，所以不妨密播，这样，可以从幼苗一直享用到成株。

获

▶播种后 50 天为成株采收期，茼蒿叶片含水量极高，不耐储存，所以现吃现采最好。

不一样的种法

初夏的时候播一盆茼蒿，不为吃，让它自由生长，在炎热的天气里，茼蒿会迅速抽薹，开出黄白相间的花朵。没错，作为菊属植物，它在原生地欧洲原本是作为观赏品种存在的。

新鲜茼蒿，季节之味

北方人习惯吃蒿子秆，而南方则以大叶茼蒿更常见——特别是春季。两种蔬菜虽然是一家人，却各据一方，而且脾气习性也染上了明显的地域特色。蒿子秆，又叫小茼蒿，茼蒿则通常指大叶茼蒿，两者是同一品种的不同变种，学名都是 Chrysanthemum carinatum。

茼蒿的清香，来自它所含的挥发性物质，其在叶子中含量比茎干部分高，所以大叶茼蒿风味更为浓厚。但不利之处是大而脆嫩的叶片不耐保存及储运，所以，要是好上这一口儿，除了去菜市场撞运气外，更靠谱的就是自己种植。

作为一种矮而肥壮的叶菜，茼蒿的阳台种植指数是非常高的。播种、浇水、等待发芽，完全照着叶菜的标准种植模式来。由于它自带清香，只要不是春夏之交，基本不会发生虫害。

西葫芦，清淡味

见到西葫芦结果的盛状，脑海里立刻浮现出的是"绵绵瓜瓞"这样无限美好的字眼。

🕐 种植时间	2月室内育苗，3月中旬户外移栽定植。
✎ 土　壤	不耐盐碱，喜欢弱酸性土壤，但适应性较强。
🌿 病虫害	盆土长期潮湿易发生疫病，注意通风及适当干燥。
☀ 环　境	喜温和光照，入夏后长势明显变差，家庭种植通过遮阴、降温措施可延长结果期。
💧 肥　水	结果期少量分批追肥，略喜旱，结果期浇水以见干见湿为度。

5 步掌握种植技巧 ❂ 喜阳、喜肥、水要足 ❂

种 ▶很多人都会将它误会成大型爬藤植物，其实，西葫芦的体型,相当适宜阳台种植。

播 ▶大而扁平的种子，播种的时候尖头向下更有利于小苗扎根。

苗 ▶为了保证收获时间，最好先育苗后移栽，3~4 片真叶时便可以移植到大花盆中。

长 ▶在春末夏初生长速度极快，水分蒸发量大，需要及时补充。

获 ▶视品种不同，移植后 40~50 天左右开花，果实迅速膨大，1 周就可以采摘，这个圆形西葫芦品种是"墨珠"。

种西葫芦，得惊喜食材

西葫芦是夏季的当令蔬菜，它水分含量高，糖分低，是热量极低的健康蔬菜，又能饱腹又够营养还不担心吃胖，很多人独爱它清淡绵软的风味。

菜市场里的西葫芦通常是青白色，长形，其实西葫芦品种繁多，颜色有深绿、金黄、白，形状也有长有圆，如果比较看重阳台蔬菜的观赏性，不妨选择更有个性些的品种，如娇黄的香蕉西葫芦或翠绿的绿宝西葫芦。

除了收获果实外，自己种西葫芦，最大的惊喜来自于花朵。和同属的南瓜一样，西葫芦开花分雌雄，雄花在完成授粉的使命后，就可以采下来作为特色食材。煮汤、浇汁或是挂糊炸天妇罗都相当有滋味。如果再贪吃些，在果实成熟的过程中，也随时可以摘下来，如指粗细的带花西葫芦幼果，是做夏令饼食的绝佳配料。

这些买不到的食材，是自种西葫芦所得的额外福利。

新鲜吃

新鲜菜，新鲜吃

看起来差不多的菜，口感和吃下去所获得的营养，可能有天地之别。

46

蔬菜被采收后，呼吸和蒸腾作用仍然在继续，大部分绿叶蔬菜在室温下储存 24 小时，维生素 C 流失 1/3 以上，而伴随维生素降解而来的亚硝酸盐含量则迅速上升，蔬菜洗净切开后氧化速度更快。超市所出售的蔬菜，除了能全程冷藏运输外，大部分蔬菜从采摘到食用少则十几小时，多至三四天——采收、包装、运输、上架、被消费者买走。

美国农业部曾发布过蔬菜保存期的建议，其中，芹菜、白菜的最佳保存期是 1~2 天；芦笋是 2~3 天；萝卜和西兰花是 3~5 天；辣椒、黄瓜和豆类都是 1 周之内。看起来并不严苛的时间表，一旦算上蔬菜在到达自家之前的时间，是不是就立刻紧张了？

中国人更讲究口感和营养。嚼起来咔嚓咔嚓响的脆黄瓜、生脆清甜的小萝卜、恰在时令的鸡毛菜、水灵挺直的蒿子秆、嫩爽无渣的西葫芦……只有加上这些形容词，才会胃口大开。

哪怕是为了感受一下"真正新鲜"和"保鲜"的区别，也应该自己种一季菜试试，一旦有所发现，你就会真正爱上自己种菜这件事。

有了新鲜的食材，也要有对得起这份新鲜的吃法。最受肯定的是生吃、涮烫和快炒。适宜生食的尽量生食，涮烫时间控制在 1 分钟左右最好，以叶片稍变色变软为宜。快炒蔬菜的维生素 C 保存量在 50%~70% 以上，蔬菜炖煮维生素 C 损失最大，但富含胡萝卜素的蔬菜可以如此料理。

生食 · 自然原味

自然成熟的味道，如同被阳光、温度、雨露共同施了魔法，有着令人愉悦的美感。咔嚓咔嚓的大口咀嚼，就是对它们最大的尊重。

48

剪枝鹅莓

作为一种娇嫩的小浆果,鹅莓是很难买到的水果。它的清甜多汁,非常具有初夏的感觉。剪一枝插瓶,是既赏且食的创意用法。

食谱

1 选挂果较丰的枝条,剪收。

2 用清水冲洗叶片及果实。

3 插瓶,且展示且摘食,果实摘取完毕后,枝条仍可作为插花。

幼叶生菜沙拉

种生菜的成就感在于从幼苗时期就可以开始享用,这是属于春天的味道。多培育些品种,虽然口味上差别不大,但会让沙拉的颜值大为提升。

食谱

1 多种生菜幼苗去根,洗净。

2 红心樱桃萝卜对半剖开。

3 装入沙拉盆, 加油醋汁拌匀。

新鲜吃

涮烫 · 轻食至味

热气腾腾的锅里轻荡着碧绿软嫩的一小把蔬菜，长至两三分钟，短不过几十秒，就要赶紧捞起来，品尝这至鲜至纯的清淡滋味。

白灼鸡毛菜

鸡毛菜幼嫩软滑，最适合清炒和白灼这类简单的烹饪方式。为了增加口感，适当加入蒜末和葱花来丰富层次。

食谱

1. 鸡毛菜洗净控水。

2. 下滚水锅煮至断生，加少许花生油，捞出。

3. 油锅炒香蒜末、葱花，加入酱油爆成酱汁。

4. 将酱汁浇在菜上。

涮茼蒿

大叶茼蒿和蒿子秆都有一份独具的芬芳，经热汤一激，尤为浓烈，这是它们在所有火锅店菜单上都会出现的原因。而叶大肉厚的前者，烫食之后的绵软无渣，又有别于蒿子秆。

食谱

1. 大叶茼蒿洗净控水。

2. 入火锅沸汤，涮烫 1~2 分钟，略变色，绵软缩水即可捞出。

新鲜吃

烤制·两全其美

烤制是相当考验食材的烹饪方法。质地丰腴的新鲜蔬果，烤起来别有一番风味。无需太多翻炒，既能让食材完全成熟又尽量保留营养，用简单的调料，最大限度地呈现食材原本的风味。

烤西葫芦

水分含量极高的西葫芦，烤后绵软多汁，较清炒又是另一种风味。简单的橄榄油配胡椒碎的调味，在夏季极其开胃。

食谱

1 西葫芦剖开切片，刷橄榄油，撒胡椒碎。

2 用烤箱中火烤制 15 分钟。

盐烤秋葵

秋葵是种随着烹饪方式不同而呈现不同风味的有趣食材。如果是热炒，口感黏腻汁液丰富；如果是汆烫冰镇，则爽滑清口；如果是烤制，呈现出的则是完全不同的香酥脆。

食谱

1 秋葵洗净，晾干。

2 平摊在烤盘上，刷匀橄榄油。

3 均匀撒满研磨的细盐。

4 用烤箱中火烤制 20 分钟，略变焦色即可出炉。

冲饮·清心素味

比起需要高冲低斟的中国茶，花草茶和代茶饮更有人间烟火的随意和浪漫气息。当茶材新鲜和易得，可随手采撷一枝一叶，等它在杯中荡漾出素淡清心之味。

秋葵干果茶

和新鲜的秋葵不同，晒干的秋葵用滚水冲泡，会散发出一种清苦气息，加上它与鲜秋葵同样的助消化等作用，也是"茶"的特别之选。

食谱

1 秋葵果实剪段，在阳光下晒干，收存。

2 取出 3、4 段，沸水冲泡后饮用。

🫖

苹果薄荷红茶

苹果薄荷的甜香，与红茶的浓厚相得益彰。淡淡的清凉味是恰到好处的点缀，只需一两片尖梢嫩叶即可。

食谱

1 将泡好的红茶倒入杯中。

2 采撷苹果薄荷嫩叶，加入茶汤中。

这些菜，自种最新鲜

如果追求新鲜的口味，请把这些菜也列入种植清单吧！

芦笋

　　每年四五月间，刚露头的新鲜芦笋，是可以折下来就直接生吃的，那种鲜甜多汁的自然滋味，无论用怎样高级的烹饪技巧也难以获得。

怎么种

芦笋是生长很慢的蔬菜，如果播种育苗要等待3年，取巧的方法是直接购买3年苗龄的芦笋根，早春时候种在大型菜盆中，浇一次透水，就可以坐等芦笋发出来了。

西红柿

　　"小时候的菜最好吃"名单中，西红柿肯定名列其中。在枝头自然成熟的西红柿，才会果肉软厚，汁液丰富，酸甜的滋味令人难以忘怀。自己种，等待它的美味！

怎么种

早春时育苗，4月初移栽定植，大约要经历1个半月的生长，才能收获第一批果实。如果是家庭种植，迷你型更为适合。

香葱

从阳春面到葱油饼都需要的小香葱，不像大葱那样耐储存而且风味持久，所以，自己在花盆或院子角落里种一丛，随时采收才是聪明的办法。小葱不仅只需最基本的照顾（浇水），而且会分蘖，长出很多，令种植的成就感大大提升。

怎么种

可以自己播种，也可以购买葱苗移栽。秋播的葱第二年春天才能长成。如果是葱苗移栽，早春的时候定植，春末的时候就有收获了。

花生

无论是生花生米还是各种风味熟花生都很方便购买，但是，最新鲜的，还是刚从土里挖出来的带着泥土湿气的花生，它具有令人难以想象的泥土的清香甜嫩。

怎么种

需要使用大而深的容器，早春时候播种，超市购买的花生米也可能发芽，但产量会受影响。最好购买专门的花生种子，花生苗会长成碧绿的丛状，很有观赏价值，夏季开小黄花，大约在初秋的时候收获。

菠菜

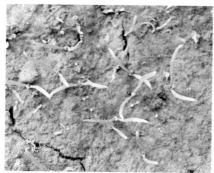

菠菜是种植难度非常低的速生叶菜，从播种后 20 天就可以拔收嫩苗，由于是自己种植的，连红色的菠菜根也可以一并放心地食用，营养价值更为全面。

怎么种

4 月初在花盆中撒播种子，保持盆土湿润，几天后便会发出嫩芽。在春季温暖的天气里生长迅速，要在夏季天气炎热之前收获完毕，否则会很快抽薹开花。

甜豌豆

因为很耐储存，所以四季都能够方便地购买到冷冻的甜豌豆。不过，考虑到营养价值和口味的细微差距，自种甜豌豆会令人更加满足。而且，豌豆虽然是爬藤植物，但盆栽也并不难。

怎么种

购买豆种，在较大的盆器中直播，由于豌豆是藤本植物，需要在生长期为它搭起支架，以便攀爬。春末的时候会开出漂亮的白色豌豆花，花后大约 15 天就可以收获。

塌棵菜

又称为乌菜，叶片呈菊花状散开生长，是很有口碑的深绿叶蔬菜，而且非常耐寒，当其他绿叶蔬菜都无法生长的时候，还能够尽情享用它。

怎么种

最适合的播种季节是 9 月初，这样，在 10 月就可以采食幼小的菜苗，留下壮苗一直生长到 11 月。在早晚温差大的深秋季，它会储存更多的糖分，所以口味鲜甜，是很有时令感的风味蔬菜。

健康
Healthy

自己种的菜，最健康

在食品安全这个问题上，任何人都会认真对待。

有没有什么一劳永逸的解决办法？

试试自己种菜。

在力所能及的范围内，自己种植蔬菜，至少，能够降低风险，这是"一力降十会"的解题思路，当然，也是面对现实的无奈之举。自己种菜首选的品种，是那些主要用于生食或简单烹饪的蔬菜，它们通常是绿叶蔬菜，对安全要求高，种植难度又低。

希望有一天，在自种蔬菜能带来的种种好处中，"安全健康"不再名列前茅，取而代之的是新鲜的滋味、丰富的食材选择，以及愉悦的心灵享受。

红芹菜，风味浓

粉茎、绿叶的红芹菜有着童话植物般的诱人长相，食用上也与普通芹菜颇有差异。

🌑 **种植时间** 3~11 月，夏天长势略差。

🌱 **土　　壤** 疏松透气，微酸或微碱土壤均可。

🪰 **病 虫 害** 较少出现，5~8 月气温较高时易生蚜虫，应注意通风。

☀ **环　　境** 喜阳，略耐阴，炎夏时适当遮阴。

✋ **肥　　水** 生长期要保持水分充足，家庭种菜以施有机基肥为主，不建议在花盆里重复施肥。

5 步掌握种植技巧 ◎ 喜水、耐寒、室内可种 ◎

种

▶芹香浓郁的生食、榨汁品种，在种植上比其他芹菜方式更为灵活。

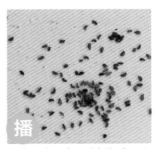

播

▶种子小而轻，播种后覆土需薄。种子又畏光，秘诀是育苗盆上放置遮盖物，这样发芽更快。

苗

▶长出 4~6 片真叶时移植，芹菜是浅根植物，所以无需深盆。

长

▶喜湿、喜温，在这样的环境中生长最快，口感也最脆嫩。

获

▶幼苗即可以用来生食或作馅，成株大约半米左右，在未抽薹之前均可采食。

生食红芹，自种最放心

芹菜有着浓郁的药香，富含纤维，是很有人气的健康蔬菜。无论是药芹、西芹或是水芹，都是餐桌上经常出现的食材。

有着如此高的出镜率，何不考虑自己种植？一则在安全度上有保障，因为芹菜生长期较长，而且在温暖天气中易生蚜虫，需要使用农药和化肥保证产量，这样的芹菜并不适宜生吃或者榨汁。二则，如果选对了品种，芹菜是种植起来非常、非常有乐趣的蔬菜。

在幼苗阶段，红梗绿叶的小芹菜就有着十足的美感。因为是浅根直立型蔬菜，只需要普通花盆就能够种植，而且可以尽量种得密一些。日常照料也很简单，放在向阳的窗台上，注意保持土壤湿润，就让它自由生长吧。

两三周后，长高的红芹就成了不输于观赏植物的食用盆栽，茎梗的红色略有减淡，粉茎绿叶，正是厨房里一段柔美的旋律。

鲜黄瓜，清香甜

黄瓜的滋味是清甜的、爽口的。黄瓜的芬芳是家常的、温暖的。

☾ 种植时间	3月初育苗，3月末可移栽定植。
↘ 土　　壤	富含有机质、透水的盆土更有利于收获。
⚲ 病 虫 害	盆土积水和光照不足时易感染霜霉病、白粉病。斑潜蝇是常见虫害，发现即去除病叶。
✿ 环　　境	需光照充足，否则影响开花和坐果。
✋ 肥　　水	需定期补充缓释肥以保证结果。

5 步掌握种植技巧 ❀ 喜阳、搭架、及时摘 ❀

种

▶是阳台种菜最常见的国民蔬菜品种，只要保证充足阳光收获就能令人满意。

播

▶每年春季在暖房或室内育苗，白色扁平的种子个头很大。

苗

▶长出 3~4 片真叶后移栽到露地或大的花盆中，喜欢温暖天气，4 月下旬移栽最为保险。

长

▶光照和水分都充足的前提下，长势迅猛，需要搭架给爬藤提供支撑，移栽后大约 20 天开花。

获

▶5 月下旬开始陆续收获，长成的黄瓜要及时采摘，否则徒耗营养而且口味还会变差。发现有发育畸形的小黄瓜也要及时摘除。

真正"顶花带刺"的黄瓜，得自己种

自己种了黄瓜，就会对"顶花带刺"这个词有正确的认识。

黄瓜花分雌雄，其中，雌花的花朵后面，连着一条幼小的黄瓜——那是雌花的子房。花朵慢慢凋谢，小黄瓜开始发育、长大，时间则根据温度、光照的不同，大约在 5~10 天不等。而在这个过程中，黄色的花朵枯萎、褪色，最后变成一朵萎缩的灰白色干花，顶在黄瓜上。摘瓜的时候力气稍微用大些，就会震落。

所以，那些经过长途储运，还顶着鲜艳小黄花的黄瓜，是违背植物生长规律的，不知道它们经历了什么。

所以，在 3 月春风吹起的时候，还是行动起来吧。黄瓜的种植难度并不高，更有各种适宜阳台种植的小黄瓜品种可供选择。发芽率高，移栽成活率也几乎是百分百。几根竹竿在阳台上，就能绑出一片浓郁的绿意，黄花绿瓜，整个初夏都可以消遣其中。

芥蓝，清嫩甘甜

挺拔的芥蓝即将开花的那一刻，代表着它正处于滋味最好的收获时分。

🕐 种植时间	喜欢温凉气候，8月底播种育苗，约70天收获。
🔨 土　　壤	避免使用曾种植过同科作物的旧盆土。
🐛 病 虫 害	高温高湿易发黑腐病。
☀ 环　　境	适宜低温、长日照环境，光线不足会导致徒长和菜薹细弱。
💧 肥　　水	抽薹期需水量高，可每日浇水，但避免盆底积水。菜薹形成期需追施有机肥。

5 步掌握种植技巧 ❀ 喜湿、怕热、选对品种 ❀

种

▶芥蓝既具有甘蓝科共同的抗癌、高营养特质，又以清甜的口味胜出，虽然很少家庭种植，但其实它并不难种。

播

▶甘蓝科种子长相类似，圆而大，如果同时播种多个品种，一定要标记清楚。

苗

▶先育苗后定植，大约 4~6 天发芽，等长出 2~4 片真叶就可以移栽。

长

▶一定要保证充足的光照，否则植株长势偏弱，抽出的芥蓝花薹也会细长羸弱。另一个要点是它喜欢温凉气候，如果春播，要选择耐热品种以保证初夏时候的收获。

获

▶花薹抽出，花苞即将绽放时是最佳采收时机，既肥美又保存了足够养分。

健康轻食，芥蓝称王

或清炒，或白灼，即使是讲究五味调和的中式烹饪，也不舍得将芥蓝这一味食材过多处理，它本身所具有的清甜鲜嫩就足以满足味蕾，只需要简单汆烫，略加调味就是佳肴。如芥蓝这类适于健康轻食的蔬菜，是家庭种菜的优选。自种自采，既满足了对新鲜与健康的要求，在烹饪上也轻松自如。说到种植难度，不难，只是一点点麻烦，但这一点可能会出乎很多人意料。

芥蓝种植需要育苗移栽，虽然麻烦但并不难，一则芥蓝种发芽率高，二则移栽成活率也非常高。一旦幼苗开始生长，几天就长高一大截，成就感爆棚。只要保证充足的光照，就能持续收获。种芥蓝最难的点，其实是在于品种与当地气候的配合。芥蓝喜欢温凉气候，高温时花芽难以催化——说得通俗点就是只长叶子不抽薹，可以从两个方面解决问题：一是精密计算收获期，避开盛夏；二是选择耐热品种。

你选择哪一种？

京水菜，脆爽嫩

花盆土植或者水培都能够轻松种出精致的京水菜，剪收时晶莹的菜茎令人垂涎。

🌱 **种植时间** 高温下植株易枯萎，室内、外种植均应避开6~8月。

🌿 **土　　壤** 盆土要求疏松、颗粒细、保水性强。

🐛 **病 虫 害** 易见白粉虱和蚜虫，植株旁悬挂粘虫板是最有效的防治方法。

☀ **环　　境** 适宜通风好、光照中等的环境，忌暴晒。

💧 **肥　　水** 在进入生长旺盛期后需水量大。常用的家庭有机肥为草木灰。

5 步掌握种植技巧 ☀ 喜水、耐阴、收获快 ☀

种

▶喜欢凉爽的气候，露天种植以春秋为主，室内则除夏季外全年可种。

播

▶以播种为主，撒播种子后覆薄土，浇透水。

苗

▶5 天左右发芽。花盆种植要格外注意避免盆土干燥。

长

▶不耐暴晒但需要充足的阳光，阳台环境最佳。如果是屋顶菜园或庭院种植，需蔽荫。

获

▶4 周左右便可以开始收获，在 6~7 周全部收获完毕，生长时间过长纤维会粗老，影响口味。

小巧清爽，自种水菜放心食

京水菜在日本蔬菜中的位置，犹如大白菜在中国，是有着悠久历史的国民蔬菜，特别在冬天尤为重要。京水菜和大白菜也的确有亲戚关系，它们同为芸薹属白菜亚种蔬菜，只不过日本人把它培育成了细茎绿叶的模样。而比起需要露天规模种植的大白菜来，个头小巧的京水菜种起来要简便得多，即使在阳台上也能种出旺盛的一盆，种植周期又短，每年至少有半年可以源源不断地种植、收获。

如果觉得土植麻烦，可以换个不一样的种法。水培京水菜既清洁干净，又能获得更幼嫩的口感。在花盆里播种，将有 4 片真叶的小苗，移植到钵盆中，放入陶粒固定根部，只需要保持水位便能够生长，也可以购买专门的水培管进行种植。

京水菜味道清淡平和，高钾低钠，烹饪方式以涮烫为主，制作起来简洁方便，是很适合现代人的健康蔬菜。

韭菜，浓味素养

夜雨剪春韭的诗意田园生活，在自家窗台上就能实现，韭菜，就是诗与生活的结合点。

🕐 **种植时间** 多年生宿根蔬菜，可春季移植菜根，也可春季播种秋季移植幼苗。

🖊 **土　壤** 韭菜盆栽最忌积水，可以采取盆土内掺沙的方式加强排水。

🌱 **病 虫 害** 连作种易生韭蛆，用农药治理效果欠佳，预防方法是每两年换盆分株一次。

☀ **环　境** 需求中等光照，夏季需适当遮阴，加强通风。

💧 **肥　水** 由于是连续收割蔬菜，采收后需充分浇水，并补施有机肥。

5 步掌握种植技巧 ☼ 宿根、喜肥、勿积水 ☼

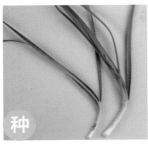

种

▶割而复生的韭菜，能够为家庭菜园带来源源不断的收获，而且种植难度极低。

播

▶幼苗生长期长，如果播种第二年才能开始收获，通常是直接移植韭菜根。

苗

▶种下韭菜根后浇透水，大约两三天后就能看到新叶萌发。

长

▶喜湿但不耐积水，由于多次收获，需要定期为土壤补充肥力。

获

▶韭叶生长速度很快，当它高度长足时即可收获。方法是从与土面齐平的根部剪收。

不一样的种法

在光照、温度不足的冬天，随着韭叶生长逐渐覆土的方法，民间称之为"扣"，由于不受阳光照射，韭叶呈现嫩黄色，也就是我们常吃的韭黄，风味类似，但更为鲜嫩。

懒人韭菜，一种三得

过冬新发的头茬韭最为吃货看重，何故？历经一冬积蓄发出的新叶，本来风味就浓。加上早春气候尚寒，韭菜的生长速度比较慢，营养更为充足。但这东西，超市可不太容易买到。规模化的农业种植，早已通过各种技术手段消弭了季节影响，四季不间断地收获，固然给现代人的生活带来便利，却让春韭失去了真正的春的风味。

自己在阳台上种一盆吧。

种韭菜的难度是入门级，购买两年生的韭菜根，垂直栽入长条盆，浇水，几天后齐刷刷的韭菜就长起来了。接下来的事情就是收获。韭菜喜湿但也耐旱，喜欢阳光但最好别暴晒。收获两三年之后，需要换盆换土，一则补充营养，二则防止韭蝇——这是韭菜规模种植中最高发的害虫，也是韭菜农残过高的主要原因。

自种韭菜，收获的不仅是美味，还有健康。对了，初秋时还有雅致的韭菜花可赏。一种三得，岂不乐哉。

土豆，朴实甘香

初夏盛开的纯净娇艳土豆花，是种土豆的人在收获果实之前先行获得的至美福利。

- 🕐 **种植时间** 3月中旬催芽，4月初将萌发的土豆芽块种植入盆。
- ⚘ **土　壤** 土豆耐旱耐贫瘠，对土壤要求不高，但过于板结的土壤会影响根茎发育。
- 🐛 **病 虫 害** 盆栽较少出现病虫害。若盆土潮湿易感染真菌。
- ☀ **环　境** 虽然是喜光作物，但在花后结薯期需短光照，可适当遮阴或移动菜盆。
- 💧 **肥　水** 苗期需控水，开花后适当增加浇水量，但仍要把握宜干不宜湿的原则。

5 步掌握种植技巧 ☀ 喜旱、肥足、有阳光 ☀

种

▶地位介于蔬菜与主食之间的土豆，种起来格外有满足感。

播

▶将发芽的土豆切开，每块保留 1~2 个芽眼，种下去。

苗

▶只需要在栽种的时候浇一次透水，一直到开花之前，都无需再浇水，超级省心。

长

▶盆栽土豆为了获得丰盛的收获，要使用较为疏松透气的盆土，盆底施足基肥。

获

▶土豆花期较长，最后一拔花开后 30 天，地下的小土豆就基本发育成熟，可以收获了。

自种土豆，鲜香甘甜

　　大部分餐厅里的小土豆红烧肉，严格说来只能称为土豆红烧肉，因为小土豆并不是随时能买到的食材。所谓小土豆，不是一个特定的品种，而是指所有土豆小的时候，英文叫 Baby potato，吃起来细嫩幼滑。提前收获的小土豆含有足够的淀粉糖，水分含量高，口感鲜甜。而且因为表皮没有经过风化，薄如纸，煮熟后轻轻一搓就下来。

　　最靠谱的获得方式，莫过于自种喽。

　　除了在庭院里露地栽种、用花盆在阳台种植外，种土豆还有一种常见的方式，就是使用侧开口的圆形种植袋，简易高产。种植方式基本类似，将发芽的土豆切成块，稍微风干后栽种，要不了几天，绿油油的小苗就钻出土了。

　　土豆是耐旱、高产的作物，阳台种植起来非常省心，而回报则足够丰厚。初夏时开出的土豆花会很令人惊喜，或紫或白，清秀纯净。夏末收获土豆，从盆中挖出大量圆滚滚的小土豆，那感觉更是妙不可言。

香菜，郁香醒神

初秋种植的香菜，可以一直采收到初雪的冬日，让浓郁的香气伴随着一日三餐。

🕐 **种植时间** 种植时间以 2~5 月、9~11 月为宜。

🌱 **土　壤** 香菜为浅根系蔬菜，有机质含量高、疏松透水的盆土最佳。

🐛 **病虫害** 因芳香味浓较少出现虫害，高温高温环境下可能出现蚜虫。

☀ **环　境** 强光及温差较大时植株矮小、叶片褐红，但不影响风味。

💧 **肥　水** 发芽时保持盆土湿润，发芽后需控水，生长期正常浇水。

5 步掌握种植技巧 耐寒、喜湿、生长慢

种

▶具有东方特色的香味调料，种几棵就足以供给日常使用。

播

▶香菜种皮较厚，破壳有难度，在种植前将圆形种子揉搓成两半，并且泡水催芽。

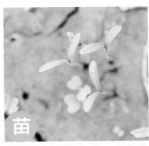

苗

▶采取直播的方式，小花盆也能满足生长需求。大约1周后发芽。

长

▶深秋季节天气寒凉，香菜生长较慢，请耐心守侯。

获

▶自种香菜很难像市售买到的一样又高又绿，而是形体较小，但风味更加浓郁。

当时当令，自种香菜

一年四季都可以买到的香菜，让人感觉它没有什么时令感，但实际上，香菜对于时令的要求非常高。

香菜喜欢寒凉，所以露天栽种只能在春秋两季进行，天一热，香菜会迅速地抽薹开花，叶子粗硬不堪食用。现代农业通过大棚调整局部环境，四季都能高效地种植香菜。

试试自己种吧，那浓郁的风味，会让你觉得它是另一种蔬菜。

9月中旬播种，大约11月中开始收获。香菜有着非常发达的根系，由于温度低，香菜的茎很短，叶片部分呈红褐色，最明显的是，它其实是贴着地皮生长的，所以挖出来以后，呈一把伞状，摘洗起来有点费事。

但食材，终归是要以味道"说话"的。自己种的香菜，洗净切碎，拌了个老醋花生，吃到嘴里的那瞬间——所有付出都值得了。

油麦菜，脆生生

绿油油的油麦菜，总爱折下一片，品尝那份自种的脆甜。生吃蔬菜并不是中国人的习惯，然而，每次看到阳台上

🕐 **种植时间** 可四季连续种植，但夏季容易老化抽薹。

🌱 **土　　壤** 盆栽对土壤无特殊要求。家庭种植建议水培，口感脆嫩且更干净。

🐛 **病 虫 害** 属于病虫害低发蔬菜，家庭种植更安全。

☀️ **环　　境** 光照充足时植株更为粗壮茂盛，弱光照亦可健康生长。

💧 **肥　　水** 水分需求旺盛，如土植需格外注意。

5 步掌握种植技巧 ◎ 喜水、速生、怕热 ◎

种

▶清爽开胃的油麦菜，一年有 9 个月可以轻松自种，算是阳台菜园的"基础班底"。

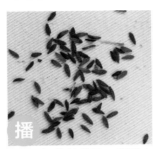

播

▶尖细轻薄的种子，薄覆土发芽更快。

苗

▶大约 5 天就能发芽，直播和育苗移栽都可以。如果是土植建议前者，水培推荐后者。

长

▶喜湿，水培叶片更鲜嫩，但风味会略逊。25~30 天就可以收获，避开盛夏季节，温度过高抑制种子发芽。

获

▶从幼苗期就可以收获，脆甜的油麦菜可以在任何一餐食用。

不一样的种法

水培油麦菜比较整齐精致，选择海绵育苗块能够减少工作量。将种子播在其中，移栽的时候只需要连根带育苗块一块搬家就可以，在水植篮里加入陶粒能够帮助固定根茎。

百搭油麦菜，自种放心吃

要说在中餐菜式中烹饪最为简单的，非油麦菜莫属。它根本就不需要烹饪，洗净，切段，配芝麻酱就可以上桌。清甜中略带开胃的苦，脆生生的口感无人不爱，无论什么风格的餐厅，菜单上都可以找到油麦菜。

越喜欢生吃油麦菜，越应该自己种一盆，不，好多盆。

生食的蔬菜健康安全最重要，热加工可以分解很多残留成分，而简单的清洗就入口，对菜的要求会高很多，自己种的更放心。更何况，从花盆里摘下来就上桌，那第一时间的新鲜，更是餐厅里保鲜储存的蔬菜不能比拟的。

除了盛夏的两个月外，油麦菜应该是阳台菜园里的长青面孔。它是生菜里种植难度最低的，即使存在光照不足、过于密植、缺肥等家庭种植的常见问题，也只是影响产量而已。

『脏菜』，走开！

为了保证蔬菜娇嫩多产而使用农药，不当操作导致农药残留超标，好好的蔬菜变成了『脏菜』。

"脏菜"榜上，辣椒、芹菜、草莓、菠菜、土豆、小番茄、甜椒……屡次上榜，为了保证稳定的产量和好看的品相，显然，种植者们费心了。

EWG（Environmental Working Group 美国消费者保护团体）每年都会对市面上常见的蔬果进行农药残留的测量，并公布一份"最脏蔬果排名"。EWG的检测样本虽然是来自美国市场，但对我们来说也有一定的参考价值。因为现代农业模式大同小异，我们不也是经常惊呼，市里的草莓个头大得惊人，起来却没什么草莓味吗？

除了这份表格外，各类有机协会、食品营养 NGO（Non-Govermmental Organization，非政府组织）还提供了不少识别"脏菜"的窍门，大致总结起来，就是娇嫩的、美味的、适宜生食的，危险度会更高。这中间的道理可以简单地理解为，娇嫩美味的蔬菜，我们爱吃，细菌和虫子也爱，为了赶走它们，就需要使用更多的农药。相反，带有硬壳的、味道刺激的，相对安全，比如洋葱、茄子和玉米。

从健康角度出发而打算自己种菜，不妨参考一下 EWG 的表单，选择种植难度低的"脏菜"，自己来种！可以说，绝大多数速生绿叶蔬菜，从家常吃的小白菜、油菜、油麦菜、菠菜、韭菜，到比较新颖的羽衣甘蓝、芝麻菜、京水菜，都值得这样做。当然，如果掌握了基础的种菜技巧，黄瓜、土豆、辣椒也应统统种起来。

自己窗台上收获的食材，尽可以发挥百般创意，干净的蔬菜无论怎样烹饪都是安心的和最好吃的，因为，它们是自己亲手种的。

新鲜吃

沙拉·花样生食

自种蔬菜最受推崇的食用方式，是用清新柔嫩的菜叶配上各种风味调味汁，极简的料理，极丰富的菜式，阳台菜园的种植者们最有口福！

油麦菜单一沙拉

觉得单一沙拉这名字很遥远？最家常的麻酱油麦菜就是。将麻酱更换为西洋风味的蛋黄酱，滋味又有不同。成功的要诀，就是使用自己种出的矮壮脆爽的油麦菜。

食谱

1 半大油麦菜苗洗净，甩干水分。

2 整齐地摆盘，配蛋黄酱食用。

迷迭香土豆沙拉

新收的小土豆，只是用清水煮熟，散发的香味令人垂涎。简单地配一点千岛酱，撒一小撮迷迭香拌匀，尽情地品尝自然的芳香吧。

食谱

1 小土豆煮熟，去皮，用勺子大致碾成碎块。

2 加千岛酱，拌匀。

3 加一小撮迷迭香叶，略微再拌一下。

4 装盘。

白灼·清淡鲜爽

白灼是粤菜的代表性烹饪方法，也是
家常菜最值得偷师的技巧，既有层次
分明的调味，又能够突出自种绿叶蔬
菜的鲜、甜、嫩，能够最大限度地保
留营养。

白灼芥蓝

自己种植的芥蓝茎短粗，花苞明显，虽然品相不够整齐均一，却胜在鲜嫩无渣，鲜甜的味道也更为突出，只需要一点点酱油的咸鲜相配。

食谱

1 芥蓝剪收后，清水洗净，过于粗壮的茎剖为两半。

2 锅中水煮沸后，下芥蓝，煮至断生，加入一勺烹调用玉米油。

3 捞出装盘，配海鲜酱油蘸食。

素丸子煮京水菜

刚拔出来的京水菜，挺拔青翠，白茎如玉。洗净劈开，与素丸子同煮，油润配清爽，虽是一味家常小食，却滋味丰厚。

食谱

1 清水锅下素丸子，大火煮沸。

2 下京水菜，烫煮2分钟，加少许盐。

3 捞出装盘。

新鲜吃

调馅 · 平和醇厚

面食文化博大精深，调馅是其中的重头戏码，包子、饺子、馅饼，即使使用同样的食材，在调和上也能做到风味各异，前提当然是新鲜安全的食材。

韭菜馅饺子

韭菜的荤香与肥瘦相间的肉馅相得益彰，小火油煎更显鲜美。自种的韭菜，个小味浓，最能胜任这种重口味烹饪方式。

食谱

1. 饺子粉和好面团饧好。

2. 韭菜洗净切碎。

3. 肉馅加盐、白胡椒粉、食用油、酱油、姜末等调料搅匀，之后加入韭菜。

4. 包饺子前再把韭菜与肉馅拌匀，做剂、擀面皮，包成体型略大的饺子。

5. 推荐煎饺：平底锅加少许油润锅，码入饺子，略煎片刻后，倒入水。盖锅盖，中火煎至水干，即可铲底出锅。

新鲜吃

小食·创意百味

简单烹饪、滋味丰富、个头小巧，主要用于下午茶这类非正餐的创意食物，被亲昵地称为"小食"，最需要创意来加分。

黄瓜薄荷特饮

小黄瓜收获的季节，也正是薄荷生长的旺季，初夏的家庭派对，有这两种自种食材，就可以端出别具一格的黄瓜杯特饮了。

食谱

1 小黄瓜切两段，挖心去籽制成小杯。

2 果皮上雕出趣味图案。

3 倒入半杯利口酒，插入小枝新鲜薄荷。

4 饮用完毕，正好用小黄瓜清口。

红芹卷饼

为了突出食材的优势，将卷饼馅心由传统的土豆丝等，换为健康的鲜嫩菜苗，红芹苗的清爽脆嫩最配焦香饼身。

食谱

1 红芹苗洗净，择好备用。

2 摊饼中加入西红柿片、洋葱碎、黄瓜条、红芹苗，刷少许酱料。

3 卷好食用。

这些菜，自种最健康

规模种植的蔬菜，可能存在重金属污染、农药残留、激素残留等各种安全隐患，尝试着自己种菜来化解这种忧虑吧。

香蜂草

香蜂草具有柠檬香味的培育香草品种，耐寒怕热，即使在北方也可以露地过冬，所以种一盆就足以享用几年。采摘新鲜的叶片用于花草茶和甜品点缀。

怎么种

直接购买花市成品盆栽，也可以扦插枝后移栽在盆中，生长速度很快。由于惧怕炎热，夏天的时候茎叶会枯萎，无需担心，秋凉的时候就会重新萌发新枝。

苦苣

无论是用于西式沙拉，还是中式的大拌菜，苦苣最常见的食用方式都是生食，由于不经过热加工，安全性就需要更大保障，所以最好购买有机种植的产品，或是自种。

怎么种

苦苣主要在春秋两季种植，由于是速生叶菜，以播种方式为主，可以安排好计划，每两周播种一轮，这样，就能源源不断地保证收获。

樱桃萝卜

个头娇小的樱桃萝卜应该是每个家庭菜园的必备品种，它种植简单，收获可喜，而且有丰富多彩的品种可供选择。因为主要用于生食，所以提倡自己种，从萝卜苗到小萝卜，都尽可以安心食用。

怎么种

在温暖但不炎热的天气种植，生长周期大约40天。直接将萝卜种撒播在花盆中，3、4天就可以发芽。如果播得过密，可以把多余的萝卜苗拔出来当成沙拉菜吃掉。

空心菜

空心菜是夏季最常见的蔬菜，在炎热的天气里长势最为旺盛。所以，在其他蔬菜都长势不佳的夏季，可以重点种植。只需剪收茎叶，根部会持续发出新叶。

怎么种

4月初的时候播种，空心菜发芽率很高，进入5月后，由于天气足够温暖，空心菜会以惊人的速度生长，照料的重点是每天都浇足水，保证土壤湿润度，甚至可以采取水培的方式。

91

胡萝卜

由于是生长在地下的根茎类蔬菜，胡萝卜的口感、安全性都会受到种植土壤的影响。此外，使用化肥种植的胡萝卜个头壮硕，口味却不尽如人意。试试自己种，收获不尽如人意也好，至少感受一下蔬菜的本真之味。

怎么种

胡萝卜需要一定的种植深度，所以，要尽量使用大型花盆。另一个折中的办法是种植迷你型的胡萝卜，它在普通盆器中也能够长成。直接撒播，在发芽后进行间苗，保证每株胡萝卜都有足够的空间生长。

苦荬菜

苦荬菜是具有地方特色的早春野蔬，清香中略带苦味，被认为具有去火的食疗效果。它纤维素含量丰富，热量又低，但是野生苦荬菜无法保证安全性，所以自种也是不错的选择。

怎么种

购买成包的菜籽，播种在花盆中。苦荬生命力强劲，无需太多照管便会生长旺盛。有一点需要注意，它的自播能力太强，所以不要让它开花结籽，否则会影响附近其他蔬菜的生长。

芝麻菜

芝麻菜是别具风味的沙拉用蔬菜，价格较贵。但种植以后就会发现，它简直是野草等级的蔬菜，只需要播种和浇水，就能从小苗长成极大的一丛，供给每日采收。

怎么种

3月初播种，发芽期要保证盆土的湿润，生长期就无需过多照料，它习性强健，相当耐旱，而且具有一定的自播能力。前一年种过芝麻菜的花盆，如果没有翻盆，第二年就可能自动发出新苗。

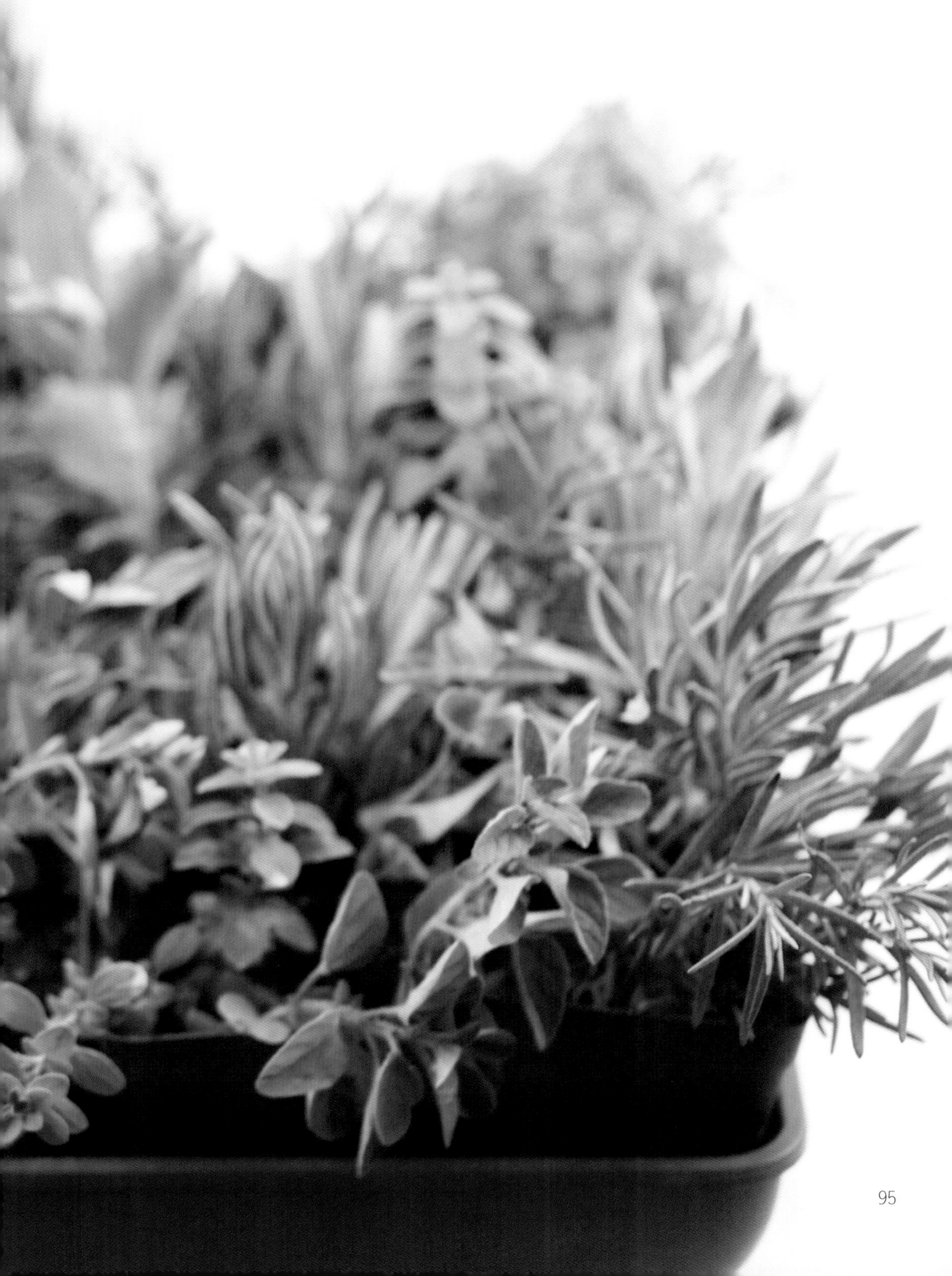

美貌

Beautiful

Part 4

自己种的菜，最美貌

这是个"看脸"的世界——人类世界如此，蔬菜界也如此。

对于讲究生活质量的人来说，美食之美，不仅在于味美，而是一种全面的美感。

作为一个厨艺不过如此的人，我每次请客吃饭都能获得热烈反响的秘诀，就在于食材足够新鲜、美貌、难得。自产小浆果和野菜沙拉，南瓜花天妇罗，各种新鲜香草配烤肉，每每端上来，花团锦簇，在征服胃之前已经征服了一颗颗爱美的心。

美貌食材并不都是稀罕品种，事实上，它们中的绝大部分又常见又好种，只是因为产量低或饮食习俗不同，在我们的菜市场中较难买到。比如旱金莲，是种一盆就可以从春欣赏到秋的花草，叶片和花朵又是特色食材。还有一些则是在种植过程中附带赠送的美妙特色食材，也很难通过购买获得，比如黄瓜尖、南瓜花、西葫芦幼果，但如果自己种的话，就随手可得。

另一种美的享受，来自于生长中的食材。高大的羽衣甘蓝，开花结果的小草莓，茂密丛生的百里香，即使不去考虑食用价值，它们也是阳台上美妙的风景啊。

百里香，百般用

采几枝百里香作晚餐的调料，淡淡的芬芳在指尖久留不散，这是能够点亮心情的植物。

🕐 **种植时间** 春秋均可移植种苗，阳台种植可以多年生长。

🌱 **土　　壤** 对土质要求不高但要求排水性，和大部分香草一样怕涝。

🐛 **病 虫 害** 芬芳袭人，较少出现虫害。但高温高湿环境下植株易腐根，长势弱。

☀ **环　　境** 光照好、通风的环境最利于生长，光照不足容易出现徒长。

💧 **肥　　水** 春秋季可施少量有机腐熟肥。略耐旱，生长旺盛期可适当增加浇水频率。

5 步掌握种植技巧 ◎ 耐旱、喜阳、常修剪 ◎

种

▶从野生香草驯化而来的常见香草，属于株型小巧丰满的灌木，生长迅速而且生命力强，还能净化环境。

播

▶通常采用扦插繁殖，用当年生的半木质化茎做插条，发根率很高。

苗

▶当插条开始生长新叶时，既代表已经生根，可以进行移植。

长

▶喜欢干燥温暖的生长环境，但不耐暴晒，盆栽要注意避免盆底积水。

获

▶长成丛状后，随时可以剪收尖梢枝条，收获多的时候可以晒干储存，干百里香能够基本保持原有的香味。

一盆百里香，中餐可常用

原产意大利南部的百里香，是西餐中最常用的香草之一，由于香味温和淡雅，不像迷迭香或是罗勒那么浓烈刺激，所以，即使在不常使用香草的中餐烹饪中，也能够有上乘表现。举个最常见的例子，红烧鸡翅，只需要在即将出锅的时候，加入几枝百里香焖两三分钟，整盘菜的色、香、味都会有明显提升。

耐干旱的百里香在地中海沿岸是强健的野生植物，家庭盆栽难度很低，有一大盆就足够使用，因为每餐的用量不过几枝。春夏秋三季放在阳台上，只需要定期浇水即可，冬天在北方需要搬进室内，放在阳光充足的位置，否则容易出现徒长现象，影响观赏效果——但吃起来还是一样的风味。

作为调料的百里香，除了贡献好味道，对于健康也颇有益处。它所含有的百里香酚、龙脑、桉油醇，能够增强免疫力、降血压和止咳，是欧洲草药体系中常用的家常植物。最后，百里香花草茶的风味，也是很不错的哟。

草莓，酸甜莓香

自己种的草莓，可能小，可能不太红，但那新鲜的滋味和浓郁的莓香，让所有缺点都显得微不足道。

⊙ 种植时间 虽然是多年生，但结果后苗株弱，故通常在秋季重新栽种新苗，或者是早春购买种苗移栽。

🔧 土　　壤 喜欢中性、偏酸土壤，为满足开花结果的营养需求，有机质丰富的土壤最为适合。

✂ 病 虫 害 常发叶斑病和白粉病，一旦发病，需立即剪除病株。栽种前土壤应翻晒消毒。

☀ 环　　境 光照需求中等，由于株小叶多又花果繁盛，通风最为重要。

🥄 肥　　水 需肥旺盛，如在盆栽前埋入基肥，花果期无需追肥。草莓喜旱怕涝，盆栽时需要控制水分。

5 步掌握种植技巧 ◎ 喜旱、耐寒、爱光照 ◎

种

▶自己盆栽草莓的乐趣在于感觉自然的风味，在结果数量上不要抱太大期望。

播

▶可以播种，但通常用走茎苗繁殖，每年秋季草莓会从中心部分萌发大量走茎。

苗

▶将走茎用夹子固定贴地，发根、长势稳定后剪断与原植株的连接茎，单独移栽。

长

▶喜旱怕湿，所以浇水间隔时间要长。在花期和果期要保证光照充足，阳台环境能满足要求，但室内种植就很难保证果实发育了。

获

▶果实呈鲜红色时即可收获。自然成熟的草莓，籽呈现深褐色。

自种草莓，踏准四季节奏

超市里的草莓，从新年的时候开始陆续上市，到了 4 月初，草莓季就基本结束了。

你是不是已经习惯了这个节奏？如果按照自然的步调，5 月，才是草莓成熟的时候！经过一个冬季的休眠，草莓在 3 月初醒来，萌发新叶，生长，开花，按部就班，然后，诱人的红草莓搭乘着春天的末班车，成为盘中美食。

种一盆草莓，找回四季原本的节奏，这是多么高的回报！

园艺种植的草莓分为两大派别：食用派与观赏派。食用派种植的是现代育种的商业草莓苗，由两个美洲品种（弗吉尼亚州草莓和智利草莓）偶然杂交得到的，日常我们所提到的草莓品种，比如卡姆罗莎、甜查理、章姬、红颜，都属于这一类。而观赏派则以高山草莓为主，它们以原生的野草莓为基础培育而来，四季开花，所以也被称为四季草莓。观赏草莓花朵的颜色也更为丰富柔美，但果实小而偏酸，看的价值比吃的价值大。

旱金莲，辣甜味

即使和观赏花草相比也毫不逊色的旱金莲，同时还是最慷慨的食材提供者。食赏两用这一条，它得分最高。

◎ 种植时间	3、4月春播或9月份秋播均可，如果冬季能保持充足光照可多年生长。
⚘ 土　壤	适宜中性、富含有机质的土壤，根系较浅，所以需要土壤疏松。
⚘ 病虫害	是有机种植中常用的驱虫植物，本身虫害少。
☼ 环　境	中等光线至强光均可，弱光下植株纤弱徒长可做为攀缘植物栽培。
♨ 肥　水	植株茂盛，需水量大。但如积水会导致植株发黄、枯萎。

5 步掌握种植技巧 ◎ 喜阳、喜湿、温和气候 ◎

▶叶子、花和嫩种都可以做为食材，是栽种容易产量高的盆栽蔬菜新品。

▶略干瘪的大粒圆种播种容易，出苗率也很高。

▶以直播为主，移栽也可以，但缓苗时间较长，会影响生长速度。 叶就可以移栽。

▶喜欢偏湿润的环境，温度过高会出现枯黄现象，温度低于 5℃就可能出现冻害，所以春秋天长势最旺。

▶长至半成苗大小，即可采收叶片。花期贡献的食材是花朵，花后结的嫩种可以磨碎用来做青酱。

自种旱金莲，全方位享用

在欧美的家庭菜园中，旱金莲的身影总会出现。这是一种在菜市场难觅的蔬菜。是的，蔬菜，虽然它有绝不输于任何观赏花草的颜值，但是，它做为食材的优点更多。

旱金莲的叶子清新爽口，有种独特的芥茉辣味，嚼两片相当醒神。

旱金莲的花朵柔嫩可口，与叶子比起来清淡得多，作为点缀食材最为出彩。

旱金莲的种子大而圆，风味最浓。在青嫩的时候采下来磨汁，既可以单独做为调味料，也可以配合坚果、橄榄油制成青酱。

除此之外，它的优点还有种植简单、无病虫害、生长繁茂。在春秋季生长迅速，一株就能长满一大盆，且吃且采，足够一家人日常食用。

种蔬菜

琉璃苣，花食材

蹲下来凝视琉璃苣的粉蓝花朵，闻着它散发的淡淡小黄瓜香，整个人都会温柔起来呢。

🕐 **种植时间**	4月初播种，夏季开花；如果只以收获叶片为目的，亦可8月末秋播。	
🔧 **土　　壤**	对各种土壤都有良好的适应度，最喜弱碱性土壤。	
🔨 **病 虫 害**	虫害少。	
☀ **环　　境**	有着野草般的强健习性，光照充足时花朵更为繁盛。	
🛢 **肥　　水**	苗期过干易出现枯叶、发育不良。为了保证足够收获要浇够水，无需额外施肥。	

5 步掌握种植技巧 ◎ 喜水、耐阴、收获快 ◎

种

▶作为常见的庭院野花，琉璃苣是撒播种子就可以等着赏花的品种，盆栽勿娇养。

播

▶灰黑色的长柱形种子，均匀撒播后覆土、浇水，就不用再多管。

苗

▶琉璃苣幼苗的叶片上有明显的白色茸毛，生长速度很快。

长

▶琉璃苣的叶子呈莲丛状散开，盆栽浇水的时候注意拨开叶片，直接浇到根部。

获

▶播种后约 60 天可以开始采收嫩叶，可以泡茶或做沙拉。但更吸引人的食材是蓝色的花朵，用于点缀甜品最有感觉。

身心疗愈，要种琉璃苣

琉璃苣的花语是勇气、善良、乐观，而它也没有辜负这样的期待。

无论从物质还是精神角度，琉璃苣都优点多多。花园里的小草花有很多，为什么非要由琉璃苣这种植物来出任主角呢？开蓝色星星形花朵的琉璃苣，虽然不是那么耀眼，但越看越美啊。毛茸茸的花苞，从初绽的粉红转到盛开时的淡蓝，温柔贴心又优雅。

关键它还是一种"浑身是宝"的植物，且几乎零难度，和野花一样一样的好种。

琉璃苣是非常重要的蜜源植物；叶子可作蔬菜，花朵更是各种食用方式都能配合；而琉璃苣的种子含有丰富的 γ–亚麻酸，是植物食材中非常难得的一种（比著名的月见草油高 3 倍），除了降血压，还能调经。这么完美的花，怎能不种！

小萝卜，脆辣甜

一把鲜嫩的小萝卜，是写在餐桌上的春光正好。

⏱ **种植时间**	每年春秋两季种植，生长期约 50 天，可分批播种。
✎ **土　壤**	喜欢疏松、肥沃的土壤，切勿用曾种植过同类蔬菜的旧盆土。
✿ **病虫害**	春季种植蚜虫和菜青虫较多，盆栽可用纱网防护，秋季较少虫害。
✿ **环　境**	喜光但也略耐阴，多采用长条盆种植。
☞ **肥　水**	埋入有机基肥有助于提高产量。发芽期需水量大，需保持盆土湿润。果实膨大期适当控水。

5 步掌握种植技巧 ◎ 喜温凉、喜阳、及时收 ◎

种

▶虽然是根茎类的蔬菜，却因为体形小、收获快而被划入了"小菜"之列，种植难度小，随便撒播也能收获。

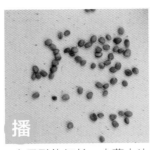

播

▶由于形体细长，小萝卜比樱桃萝卜需要更深的盆，高度超过 20 厘米就可以放心种植。

苗

▶直播为主，在出苗后可以进行间苗，萝卜苗也是一味不错的早春食材。

长

▶播种后大约两周根茎会开始快速发育，由于埋在地下，如果没有把握，可以隔几天试探地拔一株观察一下。

获

▶播种后 40 天左右就要全部收获，时间再长，小萝卜品质会变老。

讨喜小萝卜，自种用途多

　　萝卜按种植周期分为两大类，一类是大萝卜，秋冬收获，大白萝卜、青萝卜、卞萝卜和心里美都在此列。另一类是小萝卜，也叫四季萝卜，小萝卜和樱桃萝卜属于这一类，原则上是可以四季播种——但那是指在气候凉爽的地中海沿岸，在国内通常是春秋两季种植。由于形体细长，在英文中被称为美人指，除了红色还有白色的品种。

　　我们更喜欢的是春季露面的小萝卜，它的颜色格外符合中国人的审美，红艳艳的外皮，晶莹脆嫩的萝卜肉，怎么看都赏心悦目。春光正好的时节，就能看见一把把连着缨子的水灵萝卜，被摆上菜摊。除了生吃更常被用于炖肉，清甜软糯的口感令人欲罢不能。

羽衣甘蓝，网红食材

高大碧绿的一丛，叶片如伞般散开，羽衣甘蓝在菜园里是引人注目的存在。

种植时间 春季种植需要提前在室内育苗，3月中旬前定植。亦可8月中育苗，11月初收获。

土　壤 适应性较强，喜欢富含有机质的弱碱土壤。

病虫害 5、6月蚜虫高发，家庭种植使用粘虫板效果最佳。春秋季可能有菜青虫，发现后需捕捉清除。

环　境 生长期光线需求较强，进入收获期弱光照会让叶片口味更佳，可适当挪动菜盆位置。

肥　水 植株较为高大，喜肥喜水，在采收期可小量多次追肥。

5 步掌握种植技巧 ◎ 喜寒、需肥、防虫害 ◎

▶虽然是不甚熟悉的洋蔬菜，但照管容易产量又高，种过一次就会爱上它。

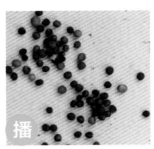

▶甘蓝菜种子差别不大，都是圆溜溜的菜种，每年 2 月或 8 月就要开始育苗。

▶长出 3~4 片真叶时移植，由于羽衣甘蓝会长到半米高，所以需要用大号花盆。

▶ 4、5 月和 9、10 月生长最为迅猛，羽衣甘蓝很招菜青虫，发现菜叶上有虫应及时捉灭。

▶移植后 1 个月就能开始收获了，自下而上，采收健壮鲜嫩的叶片，一株羽衣甘蓝能够采收两个月之久。考虑到持续收获的需要，底肥要施足。

种出羽衣甘蓝，成就感爆棚

羽衣甘蓝一直很热门，高纤低热，不少好莱坞明星的食谱里都有它，从在生鲜电商平台上的售价也看出它的受欢迎程度。

这样的蔬菜，亲自种出来是不是更有成就感？

虽然品种很洋气，但归根到底，它和我们日常吃的卷心菜、紫甘蓝是一家，种植上也基本相同。每年有两个时段可以种植，春播是 2 月育苗，3 月中下旬移栽，5 月下旬开始收获。秋播则是 8 月育苗，9 月上旬移栽，10 月底开始收获。是的，得避开炎热的夏天，这种蔬菜喜欢凉爽气候。

种了盆羽衣甘蓝，就像养了只会下蛋的母鸡，它会源源不断地长出新叶，已经长大的叶片要及时采收，不然会变得粗硬。如蕾丝般的大菜叶，六七枚已足够一餐。能适应甘蓝的特殊硫化物苦味的人，水煮、热炒吃都可以。不过，更符合时髦吃货胃口的烹饪方式，是烤成如海苔般的脆片。

美貌菜，创意吃

一个值得庆幸的事实是，蔬菜的颜值和内在营养价值，大致是呈正比的——毒蘑菇是例外。

110

　　同一种蔬菜，会有大小、健康与否、好不好吃的区别。即使在同一株蔬菜上，也会有这种区别，以散叶生菜为例，外层充分发育、色彩浓重的叶片，口味和营养价值都会胜过颜色较浅的内层叶片。

　　而在不同蔬菜之间，这种比较则无法进行，很难说是高挑的芦笋美还是矮壮的甘蓝更漂亮，但有一条是经过科学验证的，蔬菜的颜色越深，营养价值可能越高，原因是接受了充足光照的蔬菜生命活动会更强烈，所产生的色素和抗氧化物会更多，外在的表现就是叶片颜色更深。人们常说的"深绿色蔬菜营养更高"就是这个道理。

　　在最常见的绿色之外，橙、紫、红这些缤纷的颜色也是各种营养的体现。植物色素为叶绿素、类胡萝卜素、花青素、甜菜碱"四大家族"，它们决定了植物的丰富多彩。叶绿素呈现绿色。类胡萝卜素主要呈现橙、黄色，胡萝卜、甜椒和西红柿的诱人外表来源于此，在人体内消化吸收后转为维生素A。花青素是红、蓝、紫色的"幕后推手"，作为抗氧化物，它们是最受现代人重视的营养素之一，所以，紫薯、蓝莓、紫甘蓝才备受欢迎。甜菜碱在蔬菜中主要存在于甜菜中，其中，红甜菜碱的抗氧化效果也值得称道。

　　了解美貌和营养的关系后，再讨论如何吃。

　　应尽量简单烹饪，这样既能够保存蔬菜的营养，也能保持蔬菜的美。

　　合理搭配，均衡摄入，营养专家提倡的每天要吃红、黄、绿、白、黑色的食物，就是从色彩入手的营养素搭配建议。

　　最后，再加上一点创意，让你的餐桌更美好。

沙拉·清鲜易得

美妙的食材需配合美妙的烹饪方式。色彩艳丽的小浆果、娇嫩缤纷的可食用花朵、生脆鲜嫩的叶菜幼苗，务必让它们保持原有的美色与美味，才算成功。

甜蜜莓果碗

自种草莓的浓郁味道令人着迷，小小的遗憾是味道偏酸甜，由于自然种植，也很难等到它完全红透成熟。所以，可以加入蜂蜜，配上其他酸甜水果一起食用，既悦唇舌亦悦目。

食谱

1 采摘基本成熟的草莓，去蒂洗净。

2 加入车厘子、蓝莓。

3 倒入一勺蜂蜜，搅匀，撒入少许玫瑰花瓣作为装饰。

旱金莲杂菜沙拉

旱金莲的芥辣味道醒神清心，与清甜脆爽的生菜配合，有着画龙点睛般的效果。明亮的黄色花朵更是提升沙拉颜值的关键元素。

食谱

1 采摘长势最佳的旱金莲叶片、花朵。

2 生菜叶倒入油醋沙拉汁，拌匀。

3 加入旱金莲叶、花，另浇少许油醋汁。

创意吃

烤制·焦香原味

烤箱在西式料理器具中，有着中华料理器具中炒锅一般的重要地位，能使食物现出明火烤制的焦香，是在秋冬季节令人念恋的风味。

烤羽衣甘蓝脆片

　　既具有薯片的香脆感觉，又因为食材的低热高纤属性而在健康性上得分更高，所以，羽衣甘蓝脆片已成为摩登乐活族群最爱的休闲零食。

食谱

1 羽衣甘蓝叶片洗净，撕成小片，菜秆另用，叶片轻轻用厨用纸巾吸干水分。

2 叶片放入大碗，加适量橄榄油，用手抓匀，注意要保证每一叶片都被滋润到。

3 将叶片放入烤盘，撒磨碎的盐及胡椒，放入提前中温预热的烤箱。

4 每10分钟打开烤箱取出翻面一次，视烘烤程度翻面2、3次。

5 烤至叶色褐绿，口感酥脆即可。

调饮·休闲妙味

超市货架上的瓶装饮料虽然一直受到健康专家的质疑，但因为实在是味道多变而具有吸引力。其实，想要两者兼得也不难，自种的香草和花草食材，都能让人产生强烈的创作欲。

琉璃苣花草茶

璃璃苣的蓝色花朵是好用的烘焙装饰食材，而叶片既可以用作沙拉，也可以冲泡花草茶，与小黄瓜类似的清香，相当勾人食欲。

食谱

1 从根部剪收琉璃苣的新鲜叶片，洗净去柄。

2 水壶中倒入温水，放入琉璃苣叶片。

3 浸泡 1~2 小时后饮用。

百里香茶

百里香的芬芳主要来自它所含的百里香酚，淡雅的甜香既容易入口，又有相当的醒神、消炎效果，所以用途广泛。除了在烹饪中使用外，也是很受欢迎的花草茶。

食谱

1 淡柠檬水加入冰块。

2 放入新鲜的百里香嫩梢枝条。

3 浸泡 10 分钟后即可饮用。

创意吃

调配 · 百搭趣味

比起吃多少买多少的便利来，自种食材会受生长周期的影响，有在收获旺盛期怎么也吃不完的苦恼，可以利用多种后期加工方式来解决这个问题。

干香草碎

香草碎是只需撒一点点就能提升食物滋味的神秘调料，在百里香、迷迭香这些常用香草生长的旺季，采摘大量新鲜枝条晒干，调配成混合香料，可以满足全年的需求。

食谱

1 剪收香草的尖梢枝条，清水冲洗后自然风干。

2 用手轻捻，干燥的叶片会自动落下，拣去枯枝。

3 将香草叶装入可拆卸研磨头的瓶中，磨成香草碎。

4 装入有趣的小调料瓶，就可以随时使用了。

这些菜，自种最美貌

在大家的印象中，花是美丽的，用来欣赏的。而菜是实用的，用来吃的。有没有可能将这两者合二为一？至少，部分蔬菜能够做到这点。

虾荑葱

虾荑葱是所有葱中的颜值冠军——这是无可置疑的。这种多年生的丛生葱，会在初夏的时候开出粉紫色的漂亮葱花，在菜园中最是吸引眼球。

怎么种

比普通的葱生长速度要慢，需要两年才能够开花。所以，比起播种来，更推荐购买较大的葱苗直接移栽，采收时从根部直接剪收。冬天的时候地上部位会枯萎，早春季节只需要浇足水就能够再度萌发。

矢车菊

矢车菊属于花朵可食用的植物中的一种，它的优点是色彩明亮，细碎的花瓣形状优雅，花的口味清淡，最适宜用做蛋糕装饰。

怎么种

就像种植所有的草花那样，春季的时候播种，如果想让它在花盆中长得较为矮壮，在没有出现花蕾之前摘心，这样可以控制高度。花朵如果不采来食用，在开败后要立即剪除，以免徒耗营养。

向日葵

向日葵花田的美景是文艺电影的绝杀画面，大而闪亮的黄色花朵，即使只在阳台上种一两棵，也很有小清新的感觉。欣赏完花朵，还可以采收新鲜的葵花籽花盘，比起炒熟的瓜子来，它的清香别是一番滋味。

怎么种

春天的时候在花盆中播种，向日葵的生长需要充足的阳光，否则会长得很细弱，甚至影响开花。除此之外，耐旱、强健的它就没有什么需要主人费心的了。

木耳菜

如果给木耳菜足够的生长空间，它自己就能够爬满一堵墙，是相当好用的另类垂直绿化植物，除了大大的绿叶外，它还会开出粉红的小花，花后紫色的小浆果也很有装饰感。

怎么种

春天气温稳定时再播种，木耳菜喜热喜湿，所以在夏天长势最旺。如果主要用于食用，就要在初期尽快地剪收嫩梢。如果以欣赏和食用双重用途为栽种目的，不妨任它的茎自由攀爬，想吃时采下嫩梢就是了。

莳萝

作为茴香的近亲，莳萝是在美貌上得分更高的品种，它的可食用部分就是黄色的伞状花朵，经常用于肉类和鱼类烹饪的香料。

怎么种

盆器会影响到它生长的高度，所以，想要种出气派的莳萝，就要使用较大的盆器。3月底播种，初夏的时候就会开花。在炎热的天气里莳萝长势不好，所以，栽种的时间一定要计算准确。

枸杞

枸杞是能够在花盆中种植的灌木小果树，它的美会让人觉得物超所值。春天的时候开出满枝粉紫色的花，结出红色的小浆果，如果追求个性，还可以选择种植紫色或黑色的特殊品种。

怎么种

在西北地区广泛种植着枸杞树，它习性强健超出想象，且耐寒、耐旱，直接购买种苗移栽就可以。除了枸杞果实外，早春时候发出的新芽，也是很有趣的时令食材。

紫甘蓝

结球蔬菜具有很个性化的美感，配上紫甘蓝颇具诱惑力的紫色，虽然是常见蔬菜，如果自己种植紫甘蓝，会感到不同寻常的乐趣。

怎么种

需要育苗、移栽定植。需要注意的是紫甘蓝喜凉怕热，所以要赶在6月之前收获。此外，紫甘蓝在生长过程中容易遭遇菜粉蝶幼虫啃食，需要定期检查，一发现就及时清除。

乐趣 Pleasure

Part 5

自己种菜，乐趣最足

我经常要回答一个问题：种菜给你带来的最大满足是什么？

如果要冠以最大这个定语，那我的回答就是：乐趣。

不是吃得多么新鲜、有机、丰盛——那当然非常重要，但，心灵所获得的极大满足和欢愉，才是我年复一年沉迷其中的原因。

生活在都市中，种菜，是人与自然最实在也最有效的沟通方式。

春耕夏长，秋收冬藏，跟着季节的脚步走。春天，种小萝卜、鸡毛菜和油麦菜，数着日子看菜苗染绿春光。初夏，搭架牵藤，晨光里，丝瓜架满开的黄色花朵美得令人落泪。整个秋天，源源不断的收获应接不暇，从土地中刨出的，是果实也是惊喜。哪怕是寒冷的冬天，厨房窗台上也要种满芽菜，水培芋头，暖阳照耀时绿意盎然。

这些时刻感受的小确幸，难以一一描述。

花椒，芬芳入馔

早春的绿椒芽儿，初秋的红椒果，贡献了多种食材的花椒，最懂得用色彩呼应四季。

🕐 **种植时间** 播种难度较高，通常在 3 月初萌芽前直接移植种苗。

🌱 **土　　壤** 耐寒耐旱耐贫瘠，微酸性、中性、弱碱土壤都能良好生长。

🐛 **病 虫 害** 虽是芳香植物但虫害较多。金龟子、刺蛾可以人工捕捉，介壳虫、红蜘蛛则需使用有机农药。

☀ **环　　境** 喜光照，耐寒耐高温，由于虫害较多，需要要注意通风。

💧 **肥　　水** 虽是乔木但根系较浅，耐旱畏湿，盆土忌长期潮湿、积水。

5 步掌握种植技巧 ☀ 耐寒、耐旱、好照管 ☀

种

▶地栽和盆栽都可以生长健壮的小乔木，种一株就可以随时采摘花椒叶用于烹饪，秋天还能收获新鲜的花椒果。

播

▶花椒种有厚厚的保护层，需要专业催芽。所以，通常是购买树苗直接移栽。

苗

▶一年就能生长到 1 米高，第二年便能开花结籽，种起来很有成就感。

长

▶耐旱，喜阳亦略耐阴，在种植上无需太多照管，北方也可以露天过冬。

获

▶除了果实外，早春发出的嫩芽和春夏季节茂盛生长的叶子都是特色食材，可根据需要收获。

一椒三吃，自种效率高

在花椒产区之外，这种植物通常是在田间地头，作为树篱种植的，很少有人想到在阳台上种一棵。但为什么不呢？

花椒树形疏朗挺拔，个头适中，如果盆栽可以通过修剪来控制高度。春夏绿意盎然，虽然绿白小花不甚显眼，但结出的果实，从绿转黄，从黄转红，点缀在绿叶之间，着实可以增添不少季节的风味。

种花椒树并不难，事实上它根本不需要人过多地照料。它耐寒、耐旱。早春季节就会自然萌发出绿芽，这就是花椒芽儿，北方春季最诱人的树头菜之一，凉拌或是挂薄面糊油炸都清香十足。南方人也吃花椒叶，但那是等到初夏暑热刚至食欲不振的时候，烧鱼时剪几枝鲜叶子放进去，辛香提神。等秋初嫩绿的花椒挂上枝头，那就想着法儿地吃吧，各种以青麻椒为调料的川味菜，用尚未成熟的花椒大都能仿做。更别提当花椒日益成熟后，能为家宴带来多少创意灵感了！

种蔬菜

罗勒，异域香草

一丛茂盛的甜罗勒，足以让整个夏季的食谱都活色生香起来。

🕑 **种植时间** 喜高温高湿，低温发育不良，最佳播种时间为4月中下旬。

🔧 **土　　壤** 为盆栽香草中土壤适应度较强的一种，需保证土壤的排水性。

🌿 **病 虫 害** 味道浓郁，较少虫害，偶见花盆中有蜗牛，需人工捕捉。

☀ **环　　境** 喜强光、高温，在阳台种植如光照不足会长势偏弱。

💧 **肥　　水** 喜水忌涝，一般不用额外施肥。

5 步掌握种植技巧 ◎ 喜热、干燥、爱晒太阳 ◎

▶和其他可以干燥使用的香草不同，罗勒要用新鲜叶片，所以种一盆厨用非常必要。

▶是少有的以播种为主的香草，由于它喜欢炎热气候，所以4月中旬播种也来得及。

▶发芽较慢，长出4~6片真叶后再移栽比较保险。也可以直播后间苗。

▶只要温度和水分足够，罗勒是种疯长的植物，一个月就能长到半米高。

▶持续不断地采收尖梢嫩叶，这样还能促使它萌发侧枝。

即采即食，方不辜负罗勒之味

罗勒在常见香草里算是非常好种的，种子大，发芽率高。唯一的麻烦是种子播下去容易霉烂，原因在于种子外皮有一层果胶，遇水涨发，在潮湿的育苗盆中容易感染霉菌。解决的方法是播种前泡洗，多换几次水，搓洗掉种子外皮的黏液。

这样泡洗过的种子，会更快地发芽。罗勒喜热喜水也耐旱，在北方酷热的夏天里，它会是让种植者相当有成就感的植物，一株能长到半人高，源源不断地贡献新鲜的罗勒叶。罗勒有异香是由于叶子中含有丁香酚、芳樟醇、柠檬烯、异茴香脑等成分。由于这些成分在不同品种的罗勒中含量及比例的不同，罗勒还有可能呈现樟树、肉桂、丁香、油加利、柠檬、百里香等不同的香气，这令它格外迷人。

也许你对罗勒有点隔阂感，那九层塔和荆芥呢？前者是"三杯"系列菜肴的灵魂；后者是中原地区人民的夏季最爱，它俩其实……也是罗勒！只是品种不同。

大麦草，纤维足

虽然只是案头的小小一盆，但那密密的直立绿叶，仍然可以把思绪带入绿色的原野。

🕐 **种植时间** 以食用为目标的大麦草只能在室内种植，所以四季皆宜。

⚒ **土　　壤** 以水培为主，自来水日晒后使用。需注意及时换水以免腐臭。

🌱 **病 虫 害** 生长迅速，栽培周期短，无虫害。

☀ **环　　境** 有明亮光线的室内、窗台及阳台均可种植。

💧 **肥　　水** 由于是水培芽苗菜，要注意观察容器内水线，避免缺水干枯。

5 步掌握种植技巧 ☀ 水耕、密种、勤换水 ☀

种

▶只以收获嫩叶为目标的大麦草种植，可以使用清洁精致的水耕法，光线要求也低。

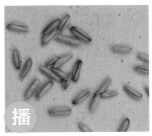

播

▶食用的整粒大麦也可以播种，但发芽率没有保证，最好使用专门的种用大麦。

苗

▶发芽前需要遮光，2~3 天后发出微绿小芽后，便可放在明亮的地方接受光照。

长

▶在种植容器里添加足够的清水，保证散射光线，大麦苗便会迅速长高。

获

▶叶片长到 10 厘米左右便可收获，直接从根部剪收，用于榨汁或料理。

种麦草，疗身心

再没有比麦草更容易种的绿色植物了。小麦和大麦都可以，不过从营养价值上来说，大麦草的纤维含量更高些。

种子随手可得，浇水就能发芽。容易打理，阳光强弱也无所谓——总之你也不会指望它结出麦穗吧。长成绿油油的一片，在缺少色彩的冬季，着实可以增添不少清新味道。而且，虽然是很乡土的植物，只要种的人用心打理，也一样可以优雅而有创意。

水培种出的大麦草便是相当有人气的健康食材——大麦若叶（若叶意即嫩叶），含有丰富的纤维素但仍然柔嫩可食。对容易患有便秘、维生素摄入不足的都市人群来说，是有益的食物。为了方便食用，还有各种各样的速冲即食产品。

种植大麦草难度这么低，收获又是身心全方位的，当然要自己试试。

蘑菇，鲜嫩Q弹

自己在花盆中种出的平菇，除了吃得开心，还是可以刷爆朋友圈的炫耀利器。

🕐 **种植时间** 四季均有可以种植的品种，但建议避开高温潮湿的夏季。

✎ **土　壤** 需要使用专门植料，使用前要进行消毒。

✂ **病 虫 害** 由于植料长期潮湿，易滋生杂菌，除了植料消毒外，要注意随时检查。

☀ **环　境** 以阴暗环境为佳，忌强光，普通的散射光线不影响生长。

💧 **肥　水** 无需额外施肥。水分需求较高，早晚要喷水保湿。

5 步掌握种植技巧 ◎ 喜湿、喜阴、勤照顾 ◎

种

▶通常认为种蘑菇需要很专业的环境，但平菇是比较普及的品种，只要耐心操作，家居环境中也完全没问题。

播

▶使用蒸熟消毒的棉籽壳作为主要植料，购买专业的菌种，掰碎了像种子一样播撒就可以。

苗

▶在适宜的环境中，白色的菌丝会迅速生长，三五天就能长满整个盆底。小小的平菇就开始冒头了。

长

▶从米粒大小长到巴掌大小只是短短的几天时间，种蘑菇虽然难，但是收获快。

获

▶可以比照菜场蘑菇的大小来判断成熟程度，稍微小些也可以收获。连根拔出，这样有利于下一茬发菇。

自种蘑菇，身心满足

初级版的蘑菇盆栽已经很普及，菌种和植料打包装好的种植袋，买回来，只需要放在适宜的地方，喷水，就能发出蘑菇。而自备植料，购买菌种，像种花一样地种蘑菇的行为，属于有难度的挑战。无论是哪一种，都是非常有趣的。

圆头圆脑的小蘑菇从盆里此起彼伏地冒出来时，感觉很神奇。这种特别的真菌食材，完全不同于我们惯常认识的蔬菜——发芽、成长、开花、结果，几十天甚至更长的时间才能贡献食材，它在短短十几天内就能完成上述流程，并且会重复上演。然而，一旦疏于照顾（最常见的是忘记喷水），已经长出来的小蘑菇会迅速枯干，宣告这一轮的种植失败。用高投入高回报来形容，再恰当不过了。

回报的高潮，在于吃到第一口自种蘑菇时。

真的，多汁、鲜嫩、Q弹，完全不能想象，原来寻常的平菇，滋味有如此丰富的层次。

青蒜苗，提味鲜

一撮青蒜叶是热汤面的点睛之笔，阳台上的一盆油绿蒜苗是冬天的点睛之笔。

🕐 **种植时间**	四季均可在花盆中种植，秋季种植的风味最浓。避免连作。
✎ **土　壤**	使用普通园土或是透水颗粒作为植料均可，也可以水培。
✿ **病虫害**	因自带刺激味道，家庭种植虫害较少。如土中有黄尖应及时拔出病株。
☀ **环　境**	耐寒，明亮的地方即可种植，向北的阳台也可以无忧种植。
💧 **肥　水**	喜湿怕旱，在收获期注意补水。蒜苗主要依靠蒜头提供营养，无需额外施肥。

5 步掌握种植技巧 ☀ 耐寒，易得，废物利用 ☀

种

▶将蒜瓣埋在土里发出的蒜苗，虽然不如买来的那么壮实，但便利度大大提高。

播

▶大蒜头掰成蒜瓣，尖尾向上，插入松软的土中。已经发芽的蒜瓣可以废物利用。

苗

▶浇水后几天就会抽出绿叶，即使在冬天的寒凉气候中，只要高于零度也能生长。

长

▶放在阳光能照到的地方，蒜苗会油绿壮实。如果光线不足，蒜叶会瘦弱些，但风味没有特别大的区别。

获

▶作为提味的调料，只要发出绿叶就可以随时采收，剪完还会再度萌发。

随处、随时，花样种蒜

　　虽然厨房花园是来自英国的园艺概念，但在花盆里种蒜苗这事儿，我们的父母辈可是早就干得得心应手了。冬天搁得太久发芽的蒜瓣儿，找个空花盆摁进去，没几天，绿油油的蒜苗就长出来了。摆在窗台上，是幅家常的小景，也是做饭时随手可得的新鲜调味料。

　　蒜虽是蔬菜却被列入佛家的五荤，概因它味道浓烈，很难用香或臭来形容，但有时候，缺了这一味还真不行。冬夜里煮碗热气腾腾的汤面，可以撒葱花，也可以现从花盆里剪一撮蒜叶，热汤一激，浓郁的异香扑鼻而来。

　　随手、随处、随时，都可以把蒜苗种起来。花盆、大的矿泉水瓶、泡沫箱都可以作容器，因为难度极低，是小朋友都可以胜任的种植工作。

豌豆苗，香脆鲜

水钵里种出的一捧新绿，是餐桌上最清爽鲜香的一碟。

◯ 种植时间　四季均可使用豌豆水培，但通常冬季培植。

⚲ 土　　壤　家庭种植以水培为主，定期换水保持清洁即可。

⚘ 病 虫 害　低温种植病虫害较少，养护难度低。

☼ 环　　境　光线明亮的室内、窗台均可种植。

⚲ 肥　　水　保持水量，无需施肥。

特别提示：虽然是自己水培，但芽苗菜在食用时务必煮熟。

5 步掌握种植技巧 ☀ 温暖、有光、水洁净 ☀

种

▶泡水萌发，主要采食嫩尖，这是芽苗菜的共同特征，而豌豆苗是其中味道最佳也最能适应各种中式烹饪的品种。

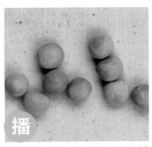

播

▶一年四季都可以在室内播种，采取水培的形式，将种子放在水钵或是专门的苗菜种植盒里，加水即可。

苗

▶在发芽前需要遮光，一旦长出绿芽就可以放在阳台上接受光照。

长

▶豌豆苗生长期很短，10天左右就能长到8厘米，这是最佳采收时机。时间长了长势减弱，口感粗糙。

获

▶一盆豌豆苗可以收获2~3次，每次采收的时候注意剪的位置略高一些，不要损伤近根部的芽眼就可以。

不一样的种法

除了水培，也可以像种花那样，在花盆里用土种植，豆苗会更为健旺、浓香。除了收获芽菜食用，更可以让它长高后打顶，促进茎枝分岔，采收豌豆尖作为食材。

芽菜榜首豌豆苗

豌豆是豆科大家族的重要成员，在超市里常见的是荚软的荷兰豆和甜豌豆，用于种植豌豆苗的，主要是后一种。

将豌豆浸泡在水中，挑去浮在水面上的干瘪种子。在这个过程中，观察到的有趣现象是豆子的表皮由于吸入大量水分，由干燥变得起皱，几个小时后体积会涨大一圈。这个时候就可以把它放在漂亮的盆或是钵中，加水没过豌豆，盖上不透光的盖子，等待它在黑暗的环境中静静萌发。

两三天后，就能看见一点绿意点缀在圆豌豆的脑袋上了。这时候就可以拿开盖子，把水钵放到有散射光的地方，小苗会迅速长大，几乎是每天一个样。淡绿的茎直立向上，顶端长出秀气的叶子，在食用之前，它是厨房一道美丽的风景。特别是在冬天，无论是从营养价值角度，还是心理疗愈角度，一钵绿意盎然的豌豆苗都真的非种不可！

香茅，开胃清香

茅草有着令人震惊的蓬勃生命力，种在花盆里的香茅，也能很好地发扬这一特质。

🌱 **种植时间**	非热带区 5~9 月种植，且很难过冬。
🌾 **土　壤**	耐板结贫瘠土壤，在各种类型土中都能生长。
🐛 **病虫害**	非热带区种植较少见病虫害。
☀ **环　境**	需要充足光照，光照不足长势偏弱。
💧 **肥　水**	水分需求大，盆土干燥时要及时补水。无需特别施肥。

5 步掌握种植技巧 ☀ 耐晒、喜热、春夏种 ☀

种

▶东南亚最具代表性的香草，新鲜叶片的柠檬芳香令人心情愉悦。

播

▶在热带是多年生草本，在北方种植直接使用购买的带根种苗。

苗

▶发根能力非常强，移栽后很快就能萌生新叶。

长

▶在湿热天气里长势最佳，5~9 月都可以将花盆放在户外，只需要浇水。

获

▶长成细丛状即可从根部剪收，比起叶片来，茎的香味更浓。

自采香茅，风味最浓

香茅≈东南亚风情，那在中国北方的阳台上能不能种植呢？

答案是肯定的。

对于北方的冬阴风味爱好者来说，如果想在家里自己煮一锅冬阴功汤，新鲜的香茅是最难寻的一味调料。就算不为煮汤，种香茅也有很多乐趣。它是夏天清凉饮料的好配料，或者剪下几枝摆在桌上，屋里便会氤氲一缕清柠之香。

盆栽香茅最好等到暮春，足够高的温度会让种植事半功倍，种苗移栽后，在看到它萌生新叶前，保持盆土潮湿和充足光照。一旦它开始生长，就请放下心来等待收获吧。和那些野生的茅草亲友一样，香茅的生命力和生长速度都是令人震惊的。整个夏天，都可以毫不吝惜地剪收，泡茶、闻香、煮汤。

到了 10 月，天气渐凉，香茅盆栽就得进屋避寒了。如果嫌盆大占地，替代性的方案是把香茅连根挖出来，剪去叶片部分，插在瓶子里水培，仍然可以有少量的收获。

吃得有趣，生活有味

自己种菜貌似为了吃，其实更为了满眼的美、满鼻的香、甚至手指上的柔嫩，最终领略了满满的情致和趣味。

在这个物质极大丰富的时代，吃，不仅仅满足生理需求，更多的是精神需求。《深夜食堂》里的一碗热汤面，提供的是赶走内心孤独的温暖能量；《美味情缘》里炸鱼柳和鹅肝酱的碰撞，是爱情的小火花。连炸鸡配啤酒这样的速食组合，都因为《来自星星的你》而具有了格外的浪漫意义……

但数到最打动我的，还是《小森林》，一部有着精神救赎意义的剧集，从种植、收获到制作，那些最乡土的食物，重现的是生命中的美好时刻。

另一个打动我的画面，来自英国皇家植物园邱园的一张长餐桌。那是一个临时性的装置艺术展，主题是餐桌上的花园。在著名的棕榈温室前，玫瑰园边，长桌上摆了烧制精美的骨瓷餐具，所有的餐具中都种植了蔬菜。葱、西红柿、樱桃萝卜、迷迭香、三色堇、迷你胡萝卜、甜菜、旱金莲……

餐桌上的花园美到令人沉醉。但令人久久不愿离去的，不仅仅是美，而是借着食材所流露的，对于生活本真趣味的热爱。

方寸间的芽菜花园

自种芽苗菜，新鲜安全，蔬菜幼苗含有的营养更为丰富。只需要清水就可以让种子发芽，采收幼苗食用。如果使用市售的芽苗菜种植容器，一则难度较高，二则不够精致美观。

不满意就改变下思路喽。

通常用来种植多肉的彩色方盆，配上自带过滤净化功能的麦饭石，就能够种出清洁美貌的芽菜花园，而且在收割后，盆、植料用清水冲洗后还能够重复利用。

彩色小方盆简洁、规矩，并且大大降低了种植难度。盆底铺一层麦饭石，铺一层种子，再盖上麦饭石，就可以摆放在窗台上静候发芽。因为种子覆盖了植料，所以芽菜能够固定，而且普通芽苗菜种植中需要考虑的前期遮光问题也无需再多加考虑。

大约两三天后，性急的种子就会探出脑袋，慢些的品种，也不过四五天就能全部发齐。在收获之前，它们会在窗台上、桌面上，贡献相当养眼的清新绿意。

芽菜的生长周期很短，所以，两周一轮是完全可以做到的。在食材单调的冬天，源源不断地吃上自种的鲜嫩芽苗菜，这样的幸福是不是很奢侈？

145

乐趣吃

这些芽菜，都好种

萝卜苗

菜籽个头大，发芽也很容易，是容易培养信心的品种。萝卜芽苗菜爽口清脆，是非常有人气的沙拉和凉拌菜食材。

向日葵（油葵）

小而黑的向日葵品种，主要用于榨油，发出来的芽苗菜与黑豆苗类似，味道清香，口感丰腴。

小扁豆

扁而平的豆类，有类似于黄豆的发芽过程，营养丰富，为了避免蛋白发酵散发臭味和引发腐烂，需要每天换水。

麦草黄瓜汁

刚剪收的大麦草，用于榨汁能够保存最丰富的营养，为了调节口味可以灵活地加入蔬菜、水果，如黄瓜、柑橘、苹果等。

食谱

1 剪收一把麦草，洗净。

2 黄瓜切段，备用。

3 小金橘2枚，加入料理机，打成汁饮用。

豆苗鸡汤

豆苗的清香被热汤激发出来，风味最为迷人。比起常吃的豌豆苗来，小扁豆苗更为细嫩，而且培养周期也更短些。

食谱

1 小扁豆苗洗净备用。

2 鸡汤一碗，煮沸。

3 下小扁豆苗，涮烫1分钟左右。

4 捞出装碗。

像种花一样种蘑菇，难不难？

先说答案，挺难的。

但是非常有趣，以及当小蘑菇羞答答地从花盆里长出来的时候，超级有成就感。

我是完全按照种花的思路来解析种蘑菇这件事情的。

种一盆花需要的是盆、土和种子（或者花苗）。

盆，可以用普通的花盆，选口阔而深的那种。

土，蘑菇不能种在土里，它需要的植料是棉籽壳或者玉米芯，把它们粉碎后混合少量肥料和灭菌药物。为了避免杂菌感染，在使用前要高温杀毒。

种子，蘑菇繁殖用的是菌种，就是一团团白色的菌丝。这个网购也很容易，通常它们被称为"二级菌种"。

这样比照一下，是不是觉得很简单？

把植料放进花盆，撒上菌种，再盖上一层植料，喷水。过程也跟种花很类似。

播种好的一盆盆蘑菇，现在就要放到合适的地方，让菌丝发育。这个过程需要的必要条件是：湿润、避光、通风。温度在10℃～20℃最好。

大约七八天之后，能够观察到白白的菌丝爬满了，就像植物的根系发育得很充分一样。

在某个清晨，就会发现一群小蘑菇跟你对视。几天后，餐桌上就增加了蘑菇这一鲜味。

乐趣吃

这些蘑菇，都好种

猴头菇

块头大而近圆，类似猴头而得名，是著名的山珍。但使用培育好的菌种在花盆里种植，难度也不高，萌发及生长较平菇慢，通常要 3~4 周才能长成。

姬菇

可以理解成迷你型平菇，密集萌发，由于种植湿度要求比平菇宽松，所以更容易种植，大约长成小贝壳大小即可采收。

双孢菇

即通常所说的白蘑菇，和平菇种植略有不同，是可以种在土里的蘑菇，确切地说，是将长满菌丝的植料埋入草碳土中，这样可以保湿保温，看起来与普通花草种植更类似。

凉拌手撕平菇

虽然是非常普通的食材，但由于收获时机的恰到好处，具有普通平菇难以匹敌的紧实Q弹口感，简单地凉拌就足够好吃。

食谱

1 采摘平菇，择去根部，手撕成条。

2 投入滚水氽烫 2~3 分钟后，捞出，攥干水分。

3 加酱油、少许醋、芝麻、盐，调匀。

小油菜炒蘑菇

家常菜的滋味总是令人久吃不厌，自己种出的鲜嫩小油菜，配上两三只刚收获的双孢菇，大火快炒，鲜甜清爽，一碗尽足。

食谱

1 采摘双孢菇，切去带有土渣的根部，切片。

2 小油菜洗净，择好。

3 锅中加少许油，葱，下小油菜与菇片同炒。

4 2、3分钟即可出锅。

满足加倍的菜根种植

白菜头、萝卜头、芹菜头、葱头、香茅根……扔在水里泡着就能够发出新芽，吃掉还是欣赏都随您意，是不是应该大力提倡这种做法？

当然应该，而且特别提倡既然种就好好种，选好看的花器，保持洁净，否则不美反倒让厨房、窗台减分，另外，你想过菜根的感受吗？

种菜根的难度基本为零，和普通的种菜比起来，种菜根简直就是老师事先画重点的开卷考。绝大部分的常见菜根，种植起来只有两个必要因素：水和阳光——是的，不用土。浇水的原则也非常好掌握，浅浅没过菜根底部即可。阳光则是越充足越好，即使阳光不充足，也只是长出的叶子颜色更浅嫩而已。

都已经简单到这一步了，你还怕种不出来吗？而且，种菜根这个事情还有个好处，就是种不出来也不损失什么（反正都是要扔的菜根），所以就试试吧！

好了，快去厨房拯救你的菜根吧！保证乐趣多多！

这些菜根，都好种

胡萝卜根

胡萝卜是常见的冬日蔬菜，吃的时候，根部稍微留些果肉，切下来泡在小盘里，加水，就能抽出新的胡萝卜叶，线条感十足。

芹菜根

芹菜根泡在水中，就能发出新的白色须根，会慢慢萌生新叶，耐心地等着吧。

白菜根

用碎石将白菜根埋起来，注入清水，它就会抽出嫩叶和花薹，在屋内也能开黄色的白菜花，既可以欣赏，也可以用作摆盘装饰。

香茅红茶

香茅有着浓重的柠檬芬芳，口味上很平和，对于不太喜欢柠檬酸味的人来说，它提供了柠檬红茶的另一种可能。

食谱

1 香茅，剪下一段。

2 交叉放入红茶浸泡，搅拌后饮用。

青蒜小馄饨

深夜食堂的特点就是温暖和简朴，利用的都是手边便利的食材。在寒冷的冬夜里，煮一碗热气腾腾的小馄饨，剪几片盆栽的青蒜片放进去，食物的香弥漫心间。

食谱

1 水烧开投入小馄饨。

2 碗中加虾皮、海苔碎、少许酱油。

3 将煮熟的小馄饨连汤加入。

4 最后撒一撮剪碎的青蒜叶。

这些菜，自种有乐趣

为什么只用好吃与否来衡量一种蔬菜呢？生活需要各种有趣的细节，选择种植一些有惊喜感的品种吧，它会给你带来意想不到的回报。

孢子甘蓝

英国人传统的圣诞蔬菜，可以描述为迷你的卷心菜，个头小，憨态可掬，不过在味道上和普通的卷心甘蓝菜没有太大的区别。

怎么种

孢子甘蓝露天种植难度较高，但值得一试。主要障碍是炎热的天气会导致花芽无法催化，所以只长茎叶不结甘蓝。在春节的时候就开始室内育苗，赶在 3 月初就移栽，这样成功概率会高很多。

菊花脑

江南地区的风味食材，野菊花的一种，春天的时候采摘尖梢嫩叶食用，由于含有独特的芳香成分，所以味道让人很难忘记。

怎么种

菊花脑在气候温和的江南地区是可以野生的植物，在华北也能够轻松地露地过冬，所以是值得一试的个性蔬菜。秋天的时候会开出满头金黄的小菊花，赶在开花前采摘花苞自制菊花茶，或是将晒干的菊花用来做香包，都充满情趣。

桔梗

著名的朝鲜族民歌《道拉基》唱的就是这种植物。桔梗既是观赏性很强的野花，又是非常有特色的食材，根部可以做成常见的小菜腌桔梗。

怎么种

桔梗是多年生草本植物，可以播种也可以移栽花苗，非常耐寒，忌积水，在夏天的时候会长势不良。这些特质让它更适宜庭院地栽，在花盆中种植就要接受食材的收获不尽如人意的结果了。

丝瓜

丝瓜是最常见的庭院蔬菜，在整个夏季都能获得源源不断的收获，种一棵就能让全家人都吃不完，老丝瓜还是很好的洗碗材料。

怎么种

由于长势过于旺盛，让人很难想象丝瓜也可以盆栽。但如果能够接受产量的缩水，大菜盆中完全可以种植。除了采收果实，丝瓜茎中流出的汁液还可以制成丝瓜水，是很有人气的家常美容材料。

红葱头

红葱头是东南亚常用的调料，有着区别于普通洋葱的个头与更为浓郁的香味，除了新鲜时食用，还能够用油煸成葱头酥，是相当开胃的下饭小菜。

怎么种

种植起来需要有耐心，和洋葱一样，在前一年的秋天播种，过冬后的第二年春天，才能长成可以食用的小葱头。如果任其成长，在夏天会开出白色的球形花朵。

草头

草头是江南地区春天的应季食材，更确切的称呼是金花苜蓿，是开黄色花朵的苜蓿品种，每年早春采食嫩梢，略带苦味的清香使其他食材难以匹敌。

怎么种

苜蓿是一种多年生牧草，其习性强健可想而知。如果庭院地栽，播种后完全不用照管，只需要控制它的扩散范围就可以了。如果在花盆中种植，最好秋季拔除，来年重新播种。

藕

出现在一本种菜书中，称呼其为藕比荷花更为应景。家庭种植更多的是选择用于欣赏的小型园艺品种，其实，种菜藕也很有乐趣。

怎么种

大缸中加入塘泥，注满清水，挑选个头适中的新鲜藕根埋入，在适宜的温度下，圆圆的荷叶不几天就会浮出水面。但受生长环境限制，结出的藕会又小且涩，但所感受到的趣味却是蛮大的。